技工院校一体化课程教学改革数控加工专业教材

数控车床编程与模拟加工

人力资源和社会保障部教材办公室组织编写

中国劳动社会保障出版社

内容简介

本书主要内容包括台阶轴编程与模拟加工、固定顶尖编程与模拟加工、螺纹轴编程与模拟加工、轴套编程与模拟加工、凸轮轴编程与模拟加工五个学习任务。

图书在版编目(CIP)数据

数控车床编程与模拟加工/人力资源和社会保障部教材办公室组织编写. —北京：中国劳动社会保障出版社，2013

技工院校一体化课程教学改革数控加工专业教材

ISBN 978-7-5167-0182-9

Ⅰ.①数… Ⅱ.①人… Ⅲ.①数控机床-车床-程序设计-技工学校-教材②数控机床-车床-加工工艺-技工学校-教材 Ⅳ.①TG519.1

中国版本图书馆CIP数据核字(2013)第020988号

中国劳动社会保障出版社出版发行

（北京市惠新东街1号 邮政编码：100029）

出版人：张梦欣

*

北京市艺辉印刷有限公司印刷装订 新华书店经销

787毫米×1092毫米 16开本 9印张 158千字

2013年1月第1版 2022年12月第12次印刷

定价：39.00元

营销中心电话：400-606-6496

出版社网址：http://www.class.com.cn

http://jg.class.com.cn

技工院校一体化课程教学改革教材编委会名单

编审人员

主　编：翟　勇

副主编：薛晓春

主　审：洪惠良

顾　问：朱永亮　张利芳　张晓梅

序

人才是我国经济社会发展的第一资源，技能人才是人才队伍的重要组成部分。党中央、国务院高度重视技能人才队伍建设工作，2009 年 12 月，胡锦涛总书记在视察珠海市高级技工学校时指出："没有一流的技工，就没有一流的产品"、"技能型人才在推进自主创新方面具有不可替代的重要作用"。技工院校是系统培养技能人才的重要基地。多年来，技工院校始终紧紧围绕国家经济发展和劳动者就业，以满足经济发展和企业对技术工人的需求为办学宗旨，形成了鲜明的办学特色，为国家培养了大批生产一线技能劳动者和后备高技能人才。

当前，我国处于全面建设小康社会的关键时期，随着加快转变经济发展方式、推进经济结构调整以及大力发展高端制造产业等新兴战略性产业，迫切需要加快培养一大批具有精湛技能和高超技艺的技能人才。为了遵循技能人才成长规律，切实提高培养质量，进一步发挥技工院校在技能人才培养中的基础作用，从 2009 年开始，我部借鉴国内外职业教育先进经验，在全国 17 个省（区、市）的 30 所技工院校启动了一体化课程教学改革试点工作，推进以职业活动为导向，以校企合作为基础，以综合职业能力培养为核心，理论教学与技能操作融合贯通的一体化课程教学改革。这项改革试点将传统的以学历为基础的职业教育转变为以职业技能为基础的职业能力教育，促进了职业教育从知识教育向能力培养转变，努力实现"教、学、做"融为一体，收到了积极成效。改革试点得到了学校师生的充分认可，普遍反映一体化课程教学改革是技工院校一次"教学革命"，学生的学习热情、教学组织形式、教学手段和学生的综合素质都发生了根本性变化。试点的成果表明，一体化课程教学改革是转变技能人才培养模式的重要抓手，是推动技工院校改革发展的重要举措，也是人力资源社会保障部门加强技工教育和在职业培训工作的一个重点项目。

教学改革的成果最终要以教材为载体进行体现和传播。根据我部推进一体化课程教学改革的要求，一体化课程改革专家、几百位试点院校的骨干教师以及中国人力资源和社会保障出版集团的编辑团队，用了三年多的时间，组织实施了一体化课程教学改革试点，并将试点中形成的课程成果进行了整理、提炼，汇编成“活页”教材。这套教材不仅在形式上打破了传统教材的编写模式，而且在内容上突破了传统教材的结构体例，在国内职业教育培训教材领域中均属首创。这套教材及配套资料的出版，不仅是本次一体化课程教学改革试点工作的阶段性总结，也是一体化课程教学改革不断深化和全面推广的一个起点。希望全国技工院校将一体化课程教学改革作为创新人才培养模式、提高人才培养质量的重要抓手，进一步推动教学改革，促进内涵发展，提升办学质量，为加快培养合格的技能人才作出新的更大贡献！

人力资源和社会保障部副部长

王晓初

二〇一二年八月

活页式教材使用说明

◆ 页码编排方式

为了更加方便地在教材中增删和替换内容，页码采用“学习任务编号－学习活动编号－页码号”三级编排形式，如“3–2–4”表示“学习任务三”的“学习活动 2”的第 4 页。

◆ 过程评价表使用方法

教材中设计了“自评表”、“互评表”、“教师总评表”、“综合评价表”等评价表格，表头上有“班级”、“姓名”、“学号”等信息栏，从活页教材中取出评价表填写后可以单独提交。

◆ 教材内容更新方法

中国人力资源和社会保障出版集团将根据一体化课程教学改革的推进以及科学技术的发展和不同地域的需要，不断补充和更新教材中的学习任务和学习活动，学校可以从“技工院校一体化教学资源网（http：//yth.cott.org.cn）”下载（需在网站注册）。通过网站还可以了解到更多的一体化课程教学改革信息和下载相关资源。

◆ 便携式活页夹和 PVC 保护板使用方法

使用教材中附赠的便携式活页夹，可以灵活方便地将教材中部分内容携带至一体化教学场地。教材内附的整张 PVC 保护板可以作为学习记录垫板使用。

◆ 参考用书选用方法

在学习过程中，学生需要查阅大量参考资料，下表为中国人力资源和社会保障出版集团出版的适宜本专业一体化教学使用的参考书目录。

机床切削加工／数控加工专业一体化教学参考书目录（中级阶段）

序号	书号	书名
1	978-7-5045-9709-0	机械制图（少学时）（双色印刷）
2	978-7-5045-9690-1	机械基础（少学时）（双色印刷）
3	978-7-5045-9677-2	金属材料与热处理（少学时）（双色印刷）
4	978-7-5045-9717-5	极限配合与技术测量基础（少学时）（双色印刷）
5	978-7-5045-9689-5	机械制造工艺基础（少学时）（双色印刷）
6	978-7-5045-9713-7	工程力学（少学时）（双色印刷）
7	978-7-5045-9668-0	电工学（少学时）（双色印刷）
8	978-7-5045-8689-6	车工工艺与技能　学生用书Ⅱ　基础知识
9	978-7-5045-9159-3	铣工工艺与技能　学生用书Ⅱ　基础知识
10	978-7-5045-9128-9	数控加工工艺学（第三版）
11	978-7-5045-9097-8	数控机床编程与操作（第三版　数控车床分册）
12	978-7-5045-9112-8	数控机床编程与操作 （第三版　数控铣床　加工中心分册）

目　　录

学习任务一　台阶轴编程与模拟加工 ………………………………………… (1-0-1)

学习活动 1　台阶轴工艺处理与编程 ………………………………………… (1-1-1)

学习活动 2　台阶轴模拟加工 ………………………………………… (1-2-1)

学习活动 3　台阶轴模拟检验 ………………………………………… (1-3-1)

学习活动 4　成果展示与总结评价 ………………………………………… (1-4-1)

学习任务二　固定顶尖编程与模拟加工 ………………………………………… (2-0-1)

学习活动 1　固定顶尖工艺处理与编程 ………………………………………… (2-1-1)

学习活动 2　固定顶尖模拟加工 ………………………………………… (2-2-1)

学习活动 3　固定顶尖模拟检验 ………………………………………… (2-3-1)

学习活动 4　成果展示与总结评价 ………………………………………… (2-4-1)

学习任务三　螺纹轴编程与模拟加工 ………………………………………… (3-0-1)

学习活动 1　螺纹轴工艺处理与编程 ………………………………………… (3-1-1)

学习活动 2　螺纹轴模拟加工 ………………………………………… (3-2-1)

学习活动 3　螺纹轴模拟检验 ………………………………………… (3-3-1)

学习活动 4　成果展示与总结评价 ………………………………………… (3-4-1)

学习任务四　轴套编程与模拟加工 ………………………………………… (4-0-1)

学习活动 1　轴套工艺处理与编程 ………………………………………… (4-1-1)

学习活动 2　轴套模拟加工 ………………………………………… (4-2-1)

学习活动 3　轴套模拟检验 ………………………………………… (4-3-1)

学习活动 4　成果展示与总结评价 ………………………………………… (4-4-1)

学习任务五　凸轮轴编程与模拟加工 ………………………………………… (5-0-1)

学习活动 1　凸轮轴工艺处理与编程 ………………………………………… (5-1-1)

学习活动 2　凸轮轴模拟加工 ………………………………………… (5-2-1)

学习活动 3　凸轮轴模拟检验 ………………………………………… (5-3-1)

学习活动 4　成果展示与总结评价 ………………………………………… (5-4-1)

学习任务一　台阶轴编程与模拟加工

学习目标

1. 能遵守机房各项管理规定，并规范使用计算机。

2. 能根据零件图样合理选择切削用量。

3. 能正确编制台阶轴零件加工工艺卡片。

4. 能应用笛卡儿坐标系判别数控车床的各控制轴及方向。

5. 能描述工件坐标系与机床坐标系的关系，并能正确建立工件坐标系。

6. 能编制台阶轴零件的数控车削加工程序，并绘制刀具路径图。

7. 能熟练应用仿真软件各项功能，完成台阶轴零件的模拟加工，并能根据模拟测量结果完善程序。

8. 能积极展示学习成果，通过小组讨论总结和反思学习活动，以提高学习效率。

建议学时

18 学时。

工作情境描述

某学校的实习工厂接到一批单向控制阀阀芯（台阶轴零件）的生产订单，生产主管部门将加工任务交给数控车削加工车间。为了锻炼同学们的实际工作能力，数控车削加工车间主任将台阶轴的编程与模拟加工的工作任务交给了他们。同学们需要学习机房管理规定、认知数控车削模拟加工、分析设计图样、合理安排工艺、熟悉数控车床仿真软件基本操作、编制调试程序，并通过模拟切削检验有关工艺与程序。

零件图样（图 1—0—1）：

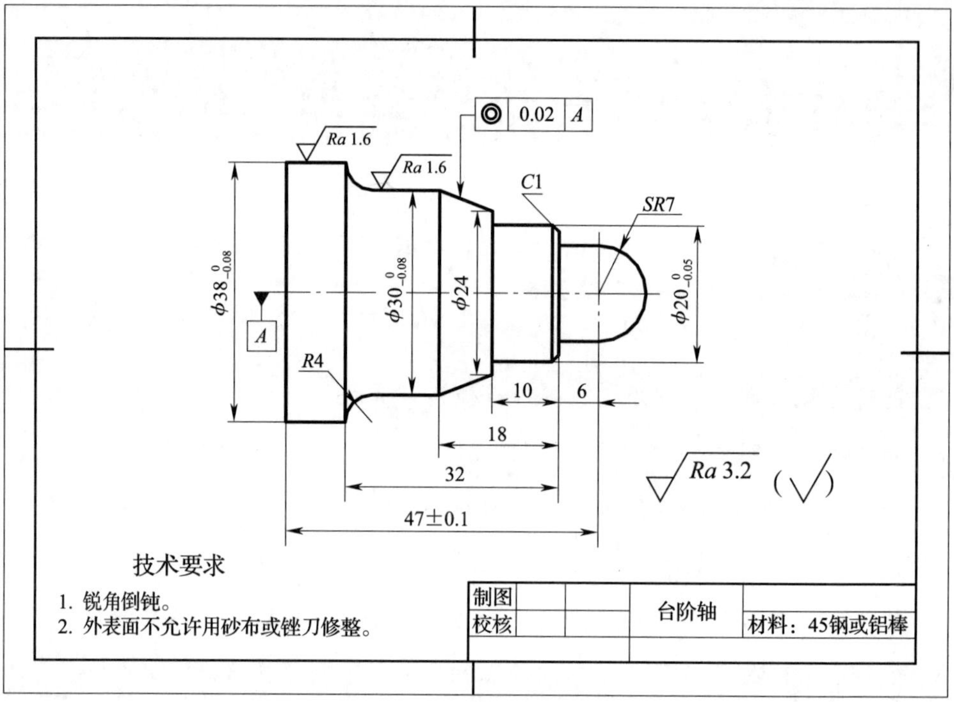

图 1—0—1　台阶轴零件图样

工作流程与活动

学习活动 1：台阶轴工艺处理与编程（6 学时）

学习活动 2：台阶轴模拟加工（6 学时）

学习活动 3：台阶轴模拟检验（3 学时）

学习活动 4：成果展示与总结评价（3 学时）

学习活动1　台阶轴工艺处理与编程

学习目标

- 能遵守机房各项管理规定，并规范使用计算机。
- 能根据零件图样合理选择切削用量。
- 能对台阶轴零件进行数控车削加工工艺分析。
- 能制定数控加工工艺路线。
- 能应用笛卡儿坐标系判别数控车床的各控制轴及方向。
- 能描述工件坐标系与机床坐标系的关系，并能正确建立工件坐标系。
- 能利用辅助指令设置机床动作。
- 能编写台阶轴的数控车削加工程序。

建议学时：6学时

学习过程

一、学习管理规定

1. 案例分析

如图1—1—1所示，在上课时有的同学用计算机玩扑克牌小游戏，有的把书包塞在计算机的主机旁，有的将饮料瓶放在计算机主机上。说明这些同学的做法是否规范、是否存在安全隐患及其原因，并指出应该如何改正。

图1—1—1　机房的各种行为

2. 从安全用电、防火、计算机使用三个方面分组讨论，列举机房行为规范应该包含的内容，派代表在全班陈述。最后，对照机房或企业有关场所的管理规定，看看所列举内容是否合理、完善。

（1）安全用电：

（2）防火：

（3）计算机使用：

二、认知数控车削模拟加工

1. 通过观看数控车削加工的教学视频、有关图片或者查找资料，说明数控车削适合加工的零件类型、加工所用刀具类型及其适用场合，如图 1—1—2 所示。

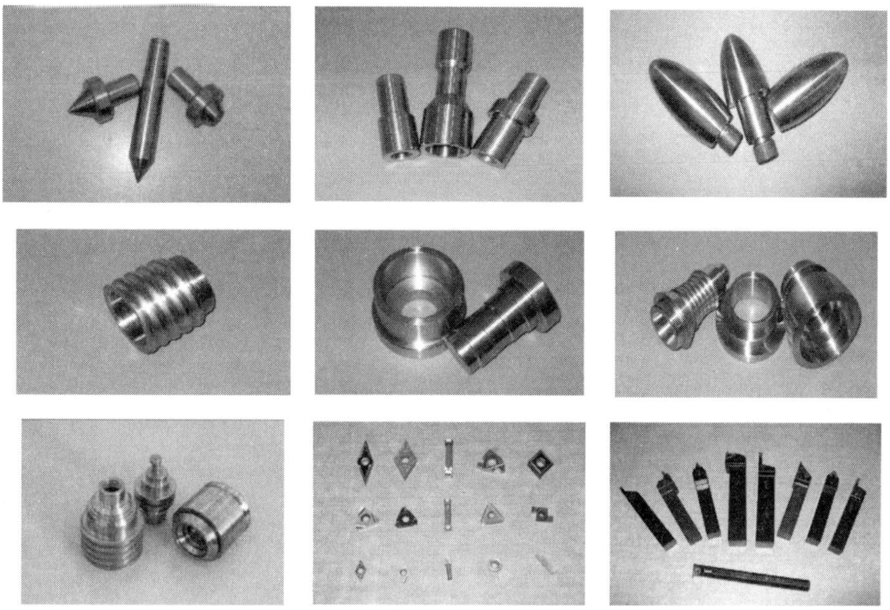

图 1—1—2　各种类型的零件与刀具

（1）数控车削适合加工的零件类型。

（2）数控车削用刀具的主要类型及其适用场合。

2. 观看数控车削模拟加工的教学视频或者教师的操作演示，描述零件模拟加工的主要过程。

三、图样分析

1. 本学习任务所加工的台阶轴零件是单向控制阀的阀芯，其顶端的半圆球面和中间的圆锥面在实际应用中都有特定的作用。查阅资料，了解单向控制阀阀芯的作用、加工要求和单向控制阀表示符号，以及半圆球面和圆锥面的作用和加工要求。

(1) 单向控制阀阀芯的作用、加工要求：

(2) 单向控制阀表示符号：

(3) 半圆球面的作用、加工要求：

（4）圆锥面的作用、加工要求：

2. 分析零件图样，写出零件加工的主要尺寸，然后进行相应的尺寸公差计算，为零件的编程做准备。

（1）外圆主要尺寸：

（2）圆弧主要尺寸：

（3）圆锥主要尺寸：

（4）从以上列举尺寸中选出带有公差的尺寸，并计算其极限尺寸，说明加工精度控制范围。

1）带有公差的尺寸：

2）极限尺寸：

3）精度控制范围：

3. 零件图并未标注零件总长，因此需要根据图样计算出零件的总长度。结合普通车床加工经验合理确定毛坯尺寸，并在空白图样（图 1—1—3）上绘制毛坯图样。

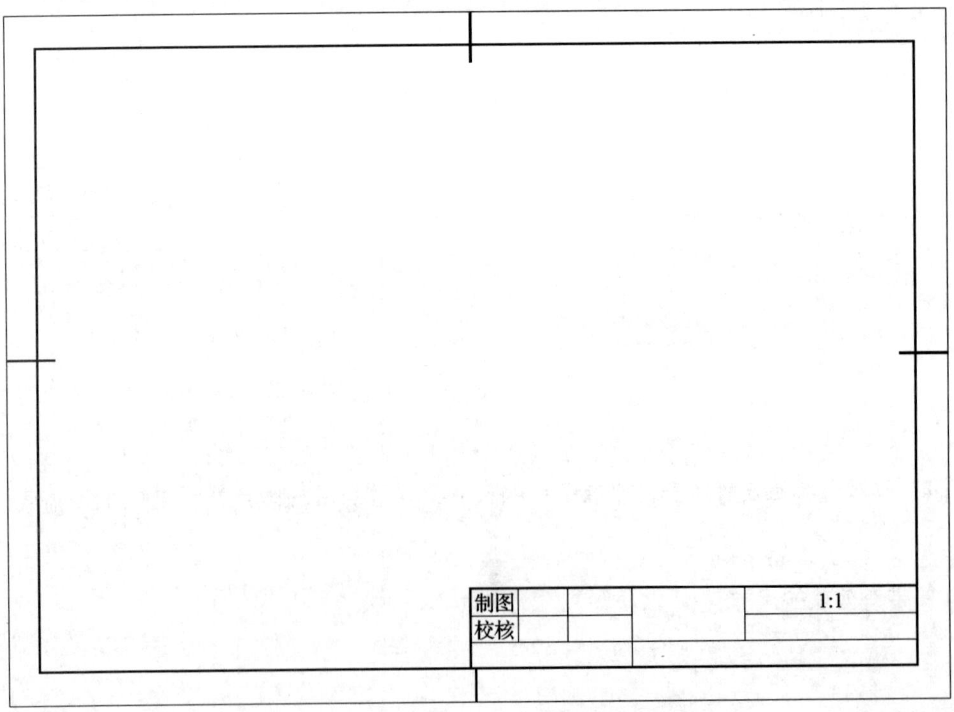

图 1—1—3　零件毛坯图样

四、刀具选择与工艺制定

1．根据台阶轴零件图样，将台阶轴加工内容填在表 1—1—1 中。

表 1—1—1　台阶轴加工内容

序号	加 工 内 容
1	
2	
3	
4	

2．通过表 1—1—2 了解数控车削外形刀具，说明表中所示刀具适合什么场合的加工。

表 1—1—2　数控车削外形刀具

序号	图示	说明
1		
2		

续表

序号	图示	说明
3		
4		
5	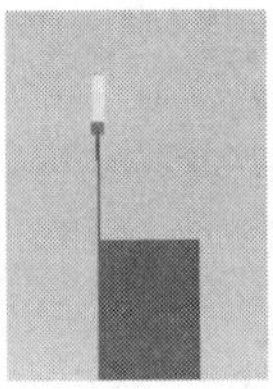	
6		

3. 根据“图样分析”中问题1的结果，说说半圆球面与圆锥面要用什么样的刀具加工才能保证加工要求（举例：半圆球面可以起到密封作用，而密封件对球面的表面结构要求较高，因此加工时不能有停顿、干涉，排屑要流畅，应选用主偏角93°、刀尖角60°、刀尖圆弧 *R*0.6 的标准外圆车刀）。

（1）半圆球面加工的刀具选择：

（2）圆锥面加工的刀具选择：

（3）零件图对圆锥面有同轴度要求（◎ 0.02 A），你将采取哪些工艺措施来保证？

4. 根据上述分析，完成台阶轴加工的车削刀具表（表 1—1—3）。

表 1—1—3　　刀　具　表

刀具序号	刀具名称	数量	加工内容	刀尖半径（mm）	刀具规格（mm × mm）

5. 数控车削零件模拟加工的加工工艺制定方法与普通车削加工基本一致，回顾一下确定零件加工工艺路线的方法。

6. 图中台阶轴的材料可用45钢或铝棒。查阅资料可知，高速钢刀具切削45钢的切削速度为____________________，切削铝合金的切削速度为____________________；硬质合金刀具切削45钢的切削速度为____________________________，切削铝合金的切削速度为____________________。

7. 根据普通车床加工经验，小组讨论完成台阶轴加工的工序表（表1—1—4）。

表1—1—4　　工 序 表

工步号	工步内容	刀具序号	刀具规格	主轴转速 (r/min)	进给量 (mm/r)	背吃刀量 (mm)
1						
2						
3						
4						
5						
6						

五、程序编制

1. 为了准确确定数控车床上运动部件的移动方向，数控编程与操作离不开机床坐标系的建立。查阅资料，学习有关机床坐标系及坐标轴方向的内容，并回答下列问题。

（1）为了确定机床的运动方向、移动距离，就要在机床上建立一个坐标系，即机床坐标系。在编制程序时，就可以以该坐标系来规定运动方向和距离。数控机床坐标系采用符合右手定则规定的笛卡儿坐标系（图1—1—4），其中三根手指指向对应轴的方向分别是什么？

1）大拇指指向：

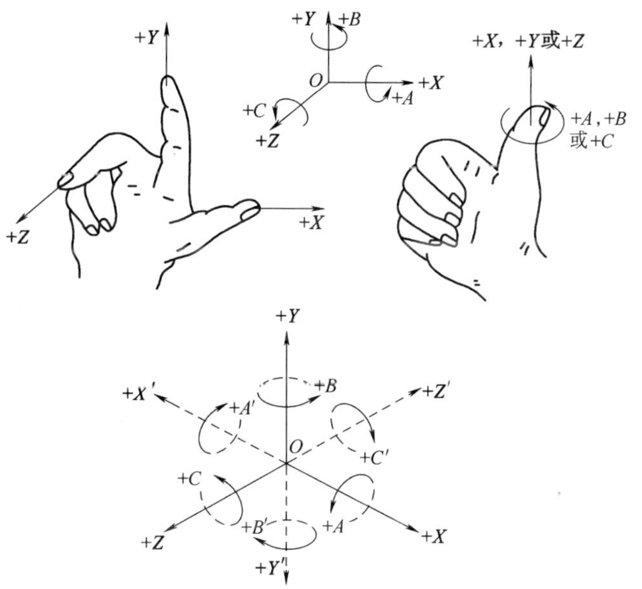

图 1—1—4　笛卡儿坐标系

2）食指指向：

3）中指指向：

（2）根据笛卡儿坐标系规定，画出前置刀架式数控车床（图 1—1—5）的 *Z* 轴与 *X* 轴方向。

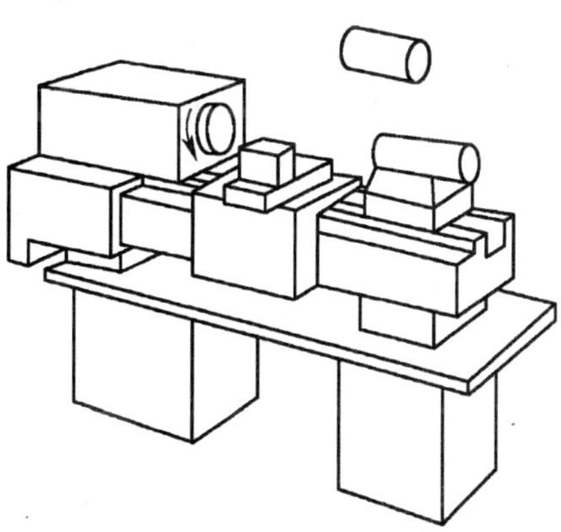

图 1—1—5　前置刀架式数控车床

（3）根据笛卡儿坐标系规定，画出后置刀架式数控车床（图 1—1—6）的 Z 轴与 X 轴方向。

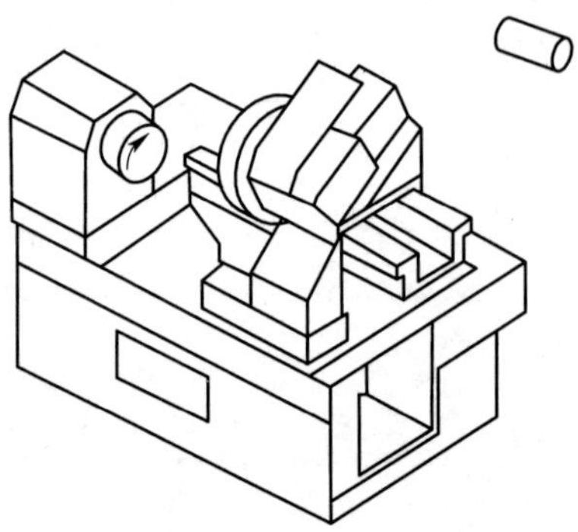

图 1—1—6　后置刀架式数控车床

（4）结合所学的仿真软件，说明软件中的数控车床是前置刀架式还是后置刀架式，并根据笛卡儿坐标系规定画出其 Z 轴与 X 轴方向。

2. 如图 1—1—7 所示，数控车床的机床原点、机床参考点，是数控车床编程与加工中重要的概念。在数控车床开机时，必须先确定机床原点，而确定机床原点的运动就是刀架返回参考点的操作。这样，通过确认参考点就确定了机床原点。只有机床原点被确认后，刀具（或工作台）移动才有基准。查阅资料回答以下问题。

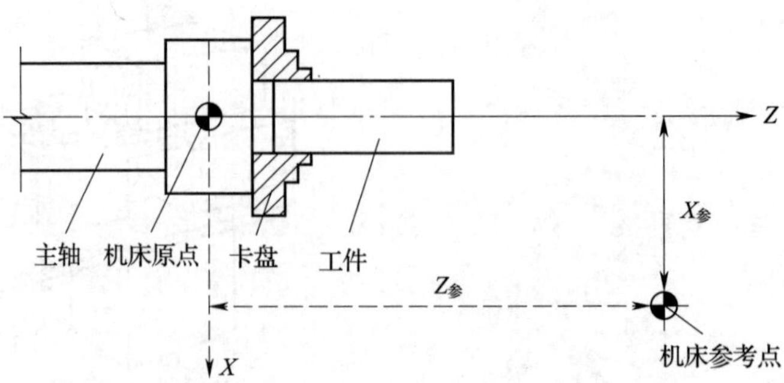

图 1—1—7　数控车床的机床原点与机床参考点

（1）机床原点的概念：

（2）机床参考点的概念：

（3）你所学的仿真软件在仿真加工前是否要先确定机床参考点？为什么？

3. 工件坐标系原点位置是在工件装夹完毕后通过对刀来保证的，它反映的是工件与机床原点之间的距离位置关系，用以确定刀具和程序起点。编程坐标系是由编程人员根据零件图样及加工工艺要求确定的，其主要目的是为了编程计算方便、机床调整方便。在数控车削加工中，以上两个坐标系一般是重合的。通过学习，在图1—1—8中绘制台阶轴零件的编程坐标系。

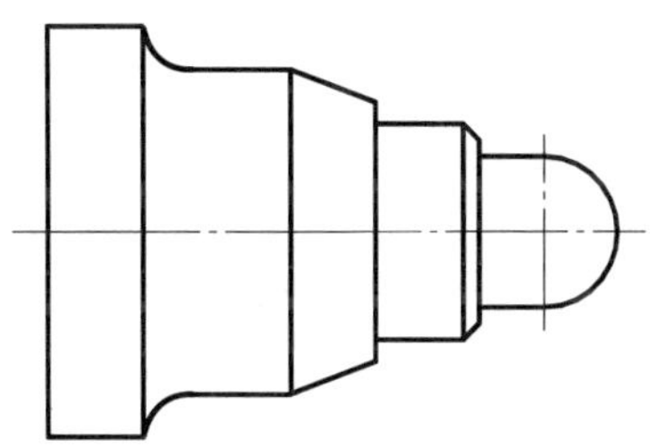

图1—1—8 台阶轴的编程坐标系

4．查阅资料，结合自己所学的数控系统，回答以下问题。

（1）数控加工程序是：

（2）程序的组成：

（3）程序段的格式：

5．要完成台阶轴的模拟加工，首先要学会零件加工程序的编制。在了解程序的组成与程序段格式的基础上，查阅资料学习编程指令的格式、应用场合。然后，结合台阶轴零件图样，判断在加工中是否会应用到这些指令。

（1）查阅资料学习表 1—1—5 所示指令。

表 1—1—5　数控车削编程指令

序号	指令名称	图示	指令格式	应用场合
1	快速定位（移动）	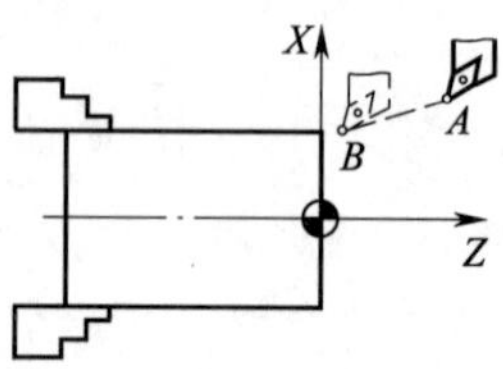		

续表

序号	指令名称	图示	指令格式	应用场合
2	直线插补（切削）	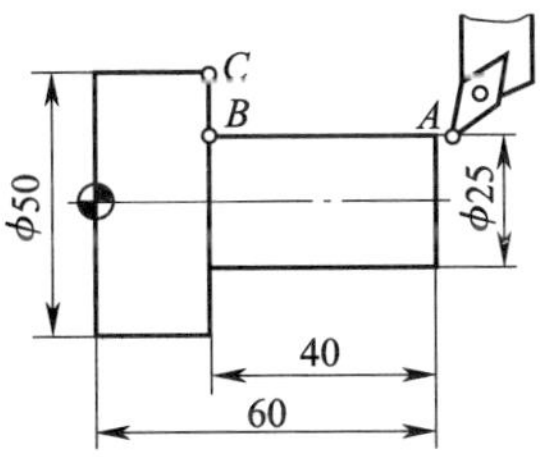		
3	圆弧插补	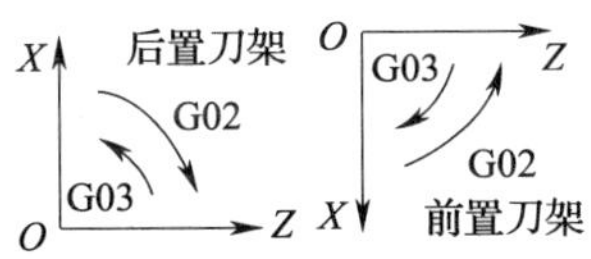		

（2）根据以上指令的应用场合，结合零件图样，选择适合台阶轴模拟加工的指令，并说明理由，填入表 1—1—6。

表 1—1—6　　台阶轴模拟加工选择的指令

序号	选择的指令	应用理由

6. 在零件的模拟加工过程中，需要依靠辅助指令才能完成机床或系统的开、关等辅助动作，如换刀、开停冷却泵、主轴正反转以及程序结束等。查阅资料，在表 1—1—7 中写出下列辅助编程指令的格式、应用场合，以及判断台阶轴模拟加工是否应用到这些指令。

（1）在表 1—1—7 中填写辅助编程指令的格式及应用场合。

表 1—1—7　　数控车削编程指令

序号	指令名称	指令格式	应用场合
1	程序暂停		
2	程序选择性暂停		
3	主轴正转		
4	主轴反转		
5	主轴停止		
6	程序结束		
7	刀具指令		
8	主轴转速指令		
9	进给功能（每分钟进给）		
10	进给功能（每转进给）		

（2）如图 1—1—9 所示为某零件轮廓的精加工走刀路线及程序流程图。通过分析该案例，合理选择台阶轴模拟加工需要的辅助指令，说明理由，并填入表 1—1—8。

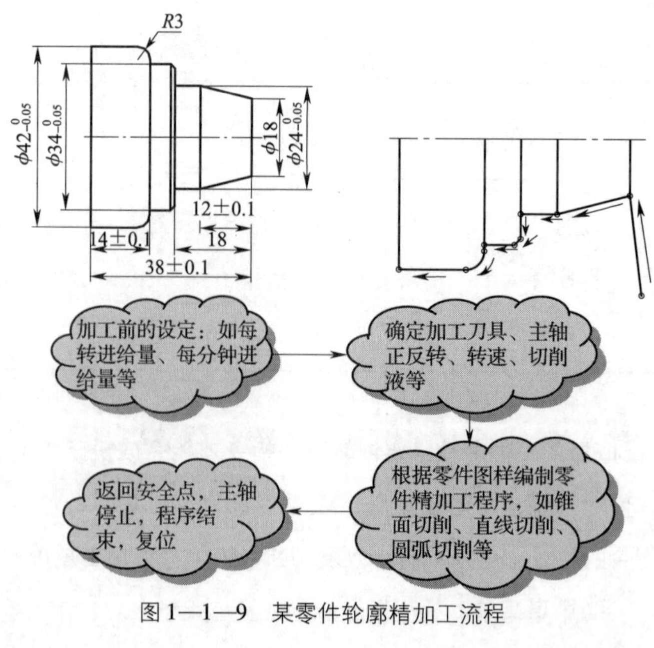

图 1—1—9　某零件轮廓精加工流程

表 1—1—8　台阶轴模拟加工选择的指令

序号	选择的指令	应用理由
1		
2		
3		
4		
5		
6		
7		
8		

7. 查阅资料，学习坐标点移动的几种编程方式，根据图示完成表 1—1—9 中的简单编程。

表 1—1—9　坐标点移动编程方式

分类	定义	举例	图示
绝对坐标值	指刀具刀位点相对于编程坐标系原点的坐标值	刀具从 *A* 点移动到 *B* 点，其指令如下： ＿＿＿＿＿＿；	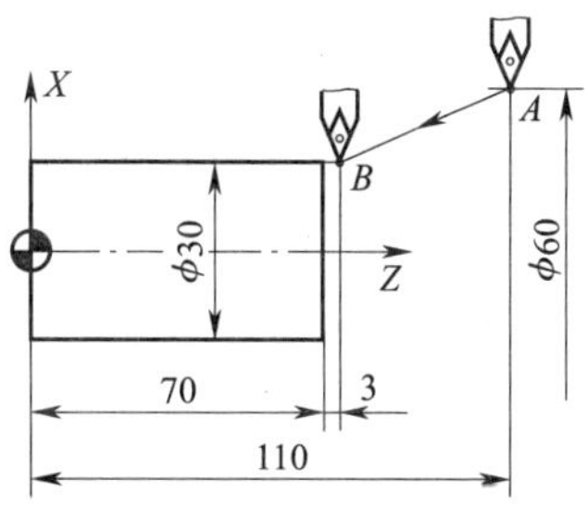
相对（增量）坐标值	指刀具刀位点运动终点以起点作为原点在相应坐标方向上的增量坐标值	刀具从 *A* 点移动到 *B* 点，其指令如下： ＿＿＿＿＿＿；	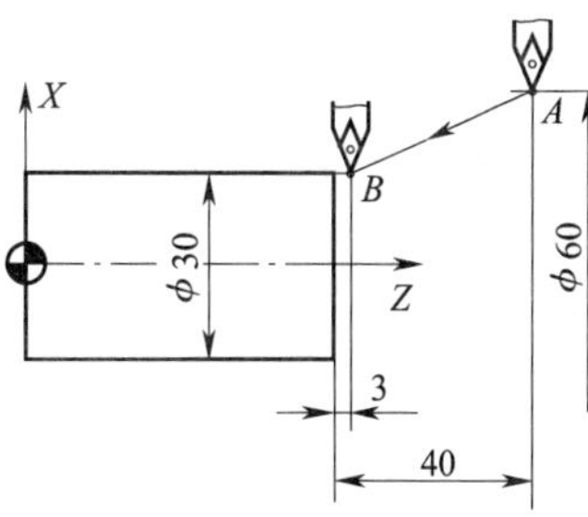

续表

分类	定义	举例	图示
混合坐标值	*X* 轴、*Z* 轴可分别使用绝对坐标值和相对（增量）坐标值	刀具从 *A* 点移动到 *B* 点，其指令如下： __________；	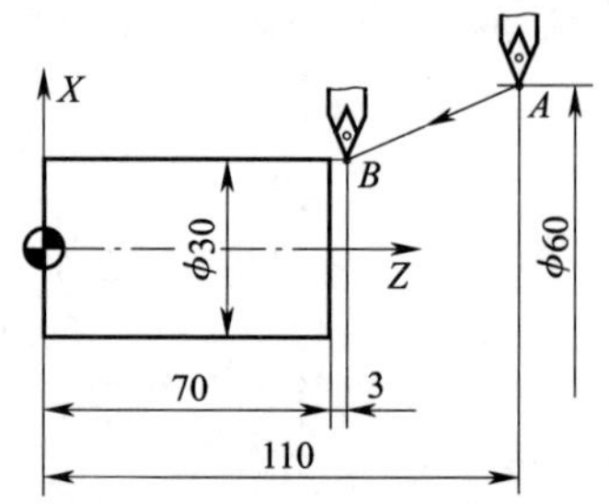

8. 在坐标点移动编程的基础上，用绝对坐标值编程方法完成台阶轴（图 1—1—10）坐标点移动的编程（坐标系为问题 3 建立的坐标系）。

A 点→*B* 点：

____

B 点→*C* 点：

____

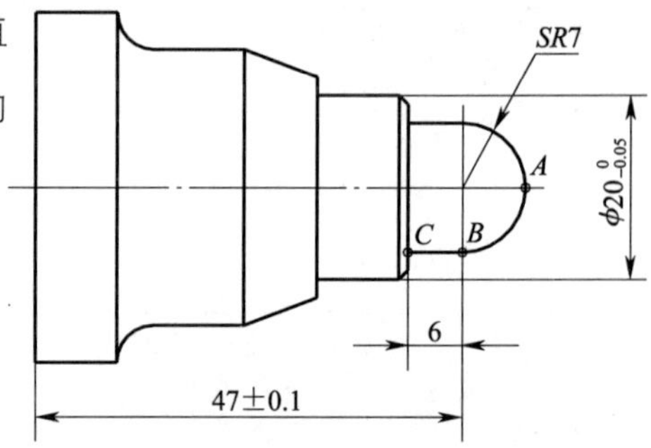

图 1—1—10　台阶轴零件图

9. 根据台阶轴零件图样以及此前回答的问题，编制零件模拟加工程序，填入表 1—1—10。

表 1—1—10　零件模拟加工程序

程序段号	程　序	程序段号	程　序

续表

程序段号	程　　序	程序段号	程　　序

学习活动 2　台阶轴模拟加工

学习目标

- 能根据零件图样完成工件的棒料选择与装夹。
- 能在仿真软件中进行对刀操作。
- 能建立新程序，能在程序中进行数据的修改。
- 能完成台阶轴的模拟加工。

建议学时：6 学时

学习过程

一、熟悉数控车床仿真软件

1. 通过网络查询，写出常见的数控仿真软件的名称，并说出其面板操作、工件装夹、编程方面各有什么特点，填入表 1—2—1。

表 1—2—1　常见的数控仿真软件及其特点

序号	软件名称	面板操作特点	工件装夹特点	编程特点
1				

续表

序号	软件名称	面板操作特点	工件装夹特点	编程特点
2				
3				

2. 了解你所使用仿真软件的主要功能，填入表 1—2—2。

表 1—2—2　　仿真软件的主要功能

组成	内容与功能
主菜单	（例如：有文件、显示、工具、选项、教学管理、帮助等内容，可以根据需要选择其中的某一个菜单条）
机床显示区	
机床显示工具条	
报警信息栏	
数控操作面板	

3．对应你所使用的仿真软件，找出下列按钮，画出按钮图标草图，说明其主要功能，填入表1—2—3。

表1—2—3　　仿真软件按钮

序号	按钮名称	图标草图	主要功能
1	窗口切换		
2	电源开关		
3	文件保存		
4	刀具管理		
5	工件设置		
6	工件测量		

4．查阅仿真软件操作手册，写出数控车床仿真软件的文件管理方法。

（1）新建项目操作方法：

（2）保存项目操作方法：

（3）打开项目操作方法：

（4）保存零件文件操作方法：

（5）导入零件文件操作方法：

二、数控车床设置与基本操作

1. 在你所使用的仿真软件中，选择适合加工台阶轴的机床和数控系统，写出主要操作步骤（可以在软件帮助文档的操作说明中寻找答案）。

2. 找到回零按钮并执行回零操作。台阶轴零件模拟加工是否要开机回参考点？为什么？

3. 当安装多把刀时，你需要转动刀架。写出转动刀架的方法。

4. 将台阶轴的车削刀具安装到刀架上，描述新建刀具的主要操作步骤。

5. 根据零件图样，在仿真软件中选择毛坯的大小，写出新建毛坯的主要操作步骤。

6. 台阶轴零件模拟加工前要对刀吗？为什么？如果需要对刀，写出对刀的主要操作步骤。

7. 如果台阶轴零件模拟加工需要进行对刀操作，在对刀操作过程中是否要进行手摇轮操作？如果需要，写出操作步骤。

8. 在对刀过程中，主轴转速一般选择为 500 r/min。怎样在对刀前开启主轴，以达到设定的转速要求？

9. 为尽量缩短空行程路线，应合理选择“起刀点”和“换刀点”。查阅资料，了解“起刀点”和“换刀点”的相关知识，并说明在台阶轴零件加工中，你设定换刀点的坐标是多少?

（1）起刀点的确定方法：

（2）换刀点的确定方法：

（3）台阶轴零件加工中设置的换刀点位置：

10. 在仿真软件中建立程序文件，在新程序中输入编好的台阶轴程序。写出主要操作步骤。

三、模拟加工

1. 运行已编制好的加工程序，观察仿真软件生成的刀具路径（图1—2—1）是否符合台阶轴零件加工要求。如果不符合要求，记录下来，以便改正。

不符合1：

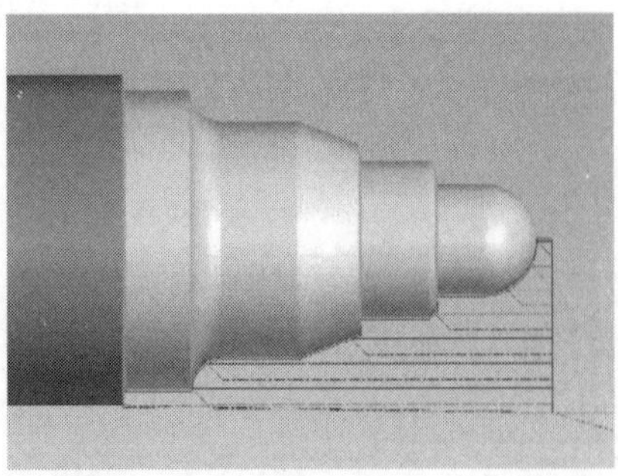

图1—2—1　模拟加工刀具路径

不符合2：

不符合3：

2. 根据台阶轴“模拟加工”问题1的记录，分析不符合加工要求的原因，并在小组讨论中提出预防措施或改进方法，填入表1—2—4，以提高加工质量和效率。

表1—2—4　　台阶轴模拟加工问题

问题	原因	预防措施	改进方法

3. 案例分析1：如果在零件粗加工过程中突然停电，刀具会发生损坏，从而无法继续加工零件。为了完成零件加工任务，接下来你会怎么做?

4. 案例分析 2：如果在台阶轴零件加工后，你发现顶端圆弧处多了一个小台阶（图 1—2—2），试分析其产生原因和解决方法。

（1）产生原因：

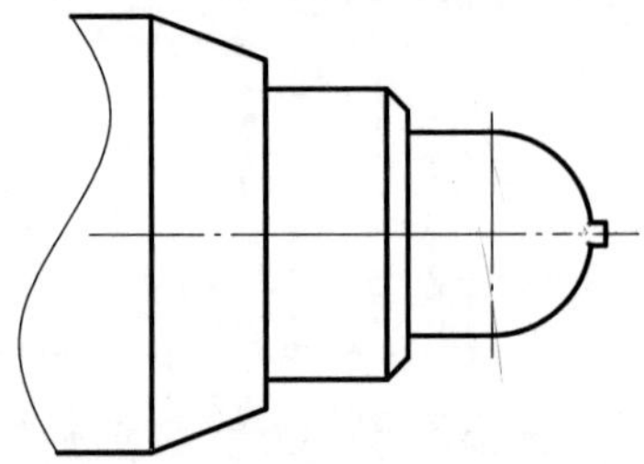

图 1—2—2　台阶轴零件

（2）解决方法：

学习活动3　台阶轴模拟检验

学习目标

- 能利用仿真软件的测量功能对台阶轴进行模拟检验。
- 能根据零件模拟检验结果，完善程序。

建议学时：3学时

学习过程

一、明确测量要素

台阶轴零件上有哪些关键尺寸需要测量？为什么？

二、测量几何要素

1．通过仿真软件操作手册，了解模拟测量零件的方法。测量台阶轴的以下主要尺寸并记录结果。

（1）长度47 ±0.1 mm、32 mm、18 mm、10 mm。

（2）圆锥小端尺寸。

（3）外圆 $\phi38_{-0.08}^{\ 0}$ mm、$\phi30_{-0.08}^{\ 0}$ mm、$\phi20_{-0.05}^{\ 0}$ mm。

（4）球半径 $SR7$ mm、圆弧 $R4$ mm。

2. 如果要加工真实的台阶轴零件产品，结合图 1—3—1 选择需要用到的真实量具，填入表 1—3—1。

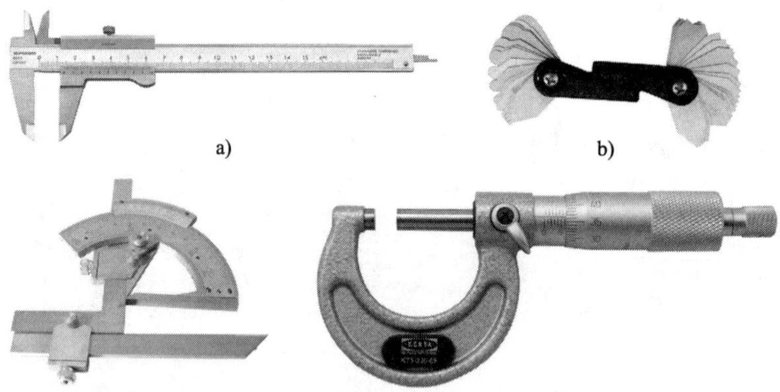

a) b) c) d)

图 1—3—1　量具

表 1—3—1　选用的量具

序号	测量项目	选用的量具
1	外圆测量项目	
2	长度测量项目	
3	圆弧测量项目	
4	锥度测量项目	

3. 案例分析 1：如果在台阶轴零件加工后，测量尺寸 $\phi38_{-0.08}^{0}$ mm 和 $\phi30_{-0.08}^{0}$ mm，分别为 $\phi38.2$ mm 和 $\phi29.8$ mm，那么这两个尺寸都不合格，试分析原因并提出解决措施。

（1）原因：

（2）措施：

4. 案例分析 2：台阶轴零件的总长为 54 mm（47 + 7），如果加工后零件长度大于 54 mm，分析原因并提出解决措施。

（1）原因：

（2）措施：

三、提出工艺方案修改意见

检验零件加工精度，对不合格项目提出工艺方案修改意见，填入表 1—3—2。

表 1—3—2　　工艺方案修改意见

序号	不合格项目	修改意见
1		
2		
3		
4		

学习活动4　成果展示与总结评价

学习目标

- 能讨论分析台阶轴加工缺陷造成的原因和应采取的解决措施。
- 能描述通过台阶轴零件模拟加工所学到的编程知识与技能。
- 能总结在台阶轴零件模拟加工中获得的经验和不足之处。
- 能在小组、全班展示台阶轴零件模拟加工成果。

建议学时：3 学时

学习过程

一、个人总结

1. 根据台阶轴零件模拟加工质量及完成情况，分析台阶轴零件编程与模拟加工中的不合理处及其原因并提出改进意见，填入表 1—4—1。

表 1—4—1　　台阶轴模拟加工不合理处及改进意见

序号	工作内容	不合理处	不合理的原因	改进意见
1	零件工艺处理与编程			
2	零件模拟加工			
3	零件模拟检验			

2. 通过台阶轴零件的模拟加工，你学到哪些编程知识与加工技能？

（1）编程知识：

（2）加工技能：

3. 结合台阶轴零件的模拟加工过程，说说模拟加工对学习数控加工有什么帮助？

二、小组总结与清扫

1. 小组讨论台阶轴零件模拟加工过程中出现的问题，并将讨论结果记录下来。

2. 利用零件加工工艺、零件截图、零件模拟加工录像等素材，以 PPT 的形式展示工作成果（例如工艺与程序拟定的思路、模拟加工重点与难点等），并将 PPT 的大纲记录下来。

3. 检查工作场地，按 6S 管理要求清理打扫，将在清理打扫过程中发现的问题记录下来。

三、综合评价

完成综合评价表（表 1—4—2）。

表 1—4—2　　综合评价表

班级________　　学生姓名________　　学号________

序号	项目	项目配分	子项	子项配分	表现结果	评分标准	得分	累计
1	纪律	25	迟到	5		违规不得分		
			溜号	5		违规不得分		
			早退	5		违规不得分		
			串岗	5		违规不得分		
			旷课	5		违规不得分		
2	仿真过程	30	程序规范正确	10		酌情扣分		
			仿真软件操作正确	5		熟练程度		
			回参考点	3		是否按要求		
			工件设置	2		方法是否掌握		
			对刀	5		方法是否掌握		
			程序输入	5		酌情扣分		
3	零件项目	40	$\phi38_{-0.08}^{0}$ mm	4		超差不得分		
			$\phi30_{-0.08}^{0}$ mm	4		超差不得分		
			$\phi20_{-0.05}^{0}$ mm	4		超差不得分		
			$\phi24$ mm	4		超差不得分		
			$SR7$ mm	4		超差不得分		
			$R4$ mm	4		超差不得分		
			长度 47±0.1 mm	3		超差不得分		
			长度 32 mm	3		超差不得分		
			长度 18 mm	3		超差不得分		
			长度 10 mm	3		超差不得分		
			长度 6 mm	3		超差不得分		
			倒角 $C1$	1		超差不得分		
4	6S	5	按 6S 管理要求酌情扣分					
5	总分	100						

任课教师：　　　　年　　月　　日

学习任务二　固定顶尖编程与模拟加工

学习目标

1. 能遵守机房各项管理规定，并规范使用计算机。

2. 能应用三角函数知识计算固定顶尖零件图样中的基点坐标。

3. 能正确编制固定顶尖零件加工工艺卡片。

4. 能编制固定顶尖零件的数控车削加工程序，并绘制刀具路径图。

5. 能熟练应用仿真软件各项功能，完成固定顶尖零件的模拟加工，并能根据模拟测量结果完善程序。

6. 能积极展示学习成果，通过小组讨论总结和反思学习活动，以提高学习效率。

建议学时

18 学时。

工作情境描述

某企业检修机床设备附件时，发现有一个固定顶尖损坏，现需要按原设计图样重新制作。工艺部门在接到上述任务后，需要分析设计图样、合理安排工艺、编制加工程序，并通过模拟切削检验有关工艺与程序，以确定是否能加工出符合使用要求的固定顶尖。

零件图样（图 2—0—1）：

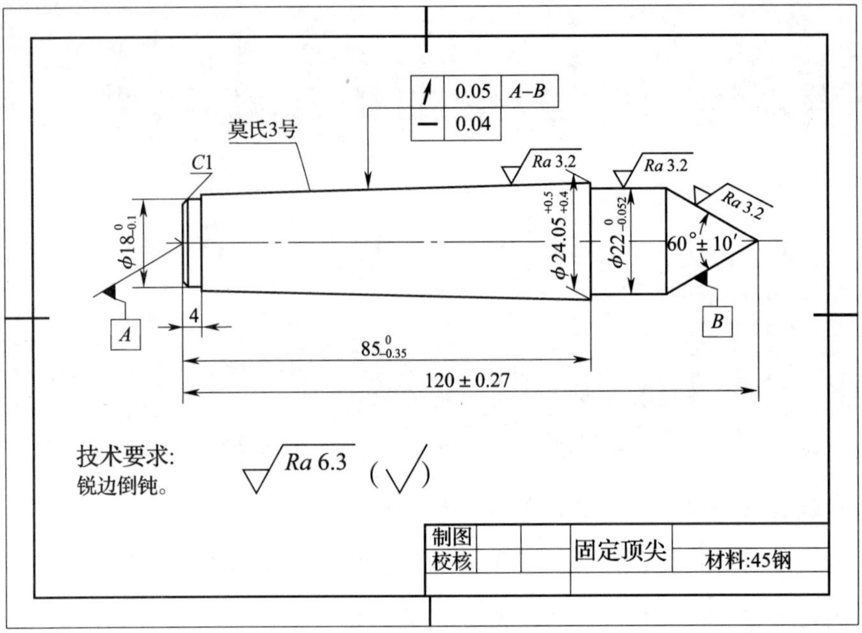

图 2—0—1　固定顶尖零件图样

工作流程与活动

学习活动 1：固定顶尖工艺处理与编程（6 学时）

学习活动 2：固定顶尖模拟加工（6 学时）

学习活动 3：固定顶尖模拟检验（3 学时）

学习活动 4：成果展示与总结评价（3 学时）

学习活动1　固定顶尖工艺处理与编程

学习目标

- 能应用三角函数知识计算固定顶尖零件图样中的基点坐标。
- 能正确填写固定顶尖零件加工工艺卡片。
- 能编写固定顶尖的数控车削加工程序。

建议学时：6 学时

学习过程

一、图样分析

1．本任务所加工的固定顶尖零件应选择什么尺寸的毛坯？材料是什么？其加工切削性能怎样？有无热处理和硬度要求？

2. 零件图样是否有漏掉尺寸或尺寸标注不清，从而影响零件的编程？若发现问题，应向设计人员或工艺制定部门请示并提出修改意见。

3. 本零件的关键尺寸有哪些？如何在加工中保证这些关键尺寸？零件图样所标注的基准都在什么部位？

4. 查阅资料，写出固定顶尖零件的莫氏 3 号圆锥的锥度、圆锥锥角和极限偏差。

5. 本任务所加工的固定顶尖零件的左端是莫氏 3 号圆锥，右端是 60°锥度。莫氏 3 号圆锥和 60°锥度在实际应用中都有特定的作用，查阅资料了解并说明其作用和加工要求。

（1）莫氏 3 号圆锥的作用和加工要求：

（2）60°锥度的作用和加工要求：

6．从零件图样中找出 ↗ 0.05 A–B 、 — 0.04 这两个几何公差符号，并说明其含义。如加工后未达到以上几何公差精度要求会对零件的使用产生什么影响？

二、刀具选择与工艺制定

1．根据固定顶尖零件图样，在如图 2—1—1 所示刀具中选择合适的数控外轮廓车刀，并说明选用原因。

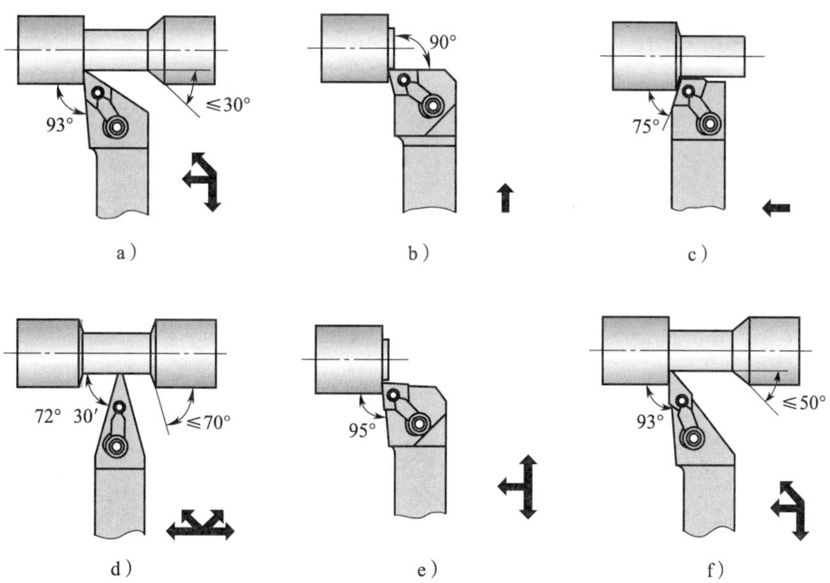

图 2—1—1　数控刀具

2. 采用问题1选择的外轮廓车刀，粗、精加工固定顶尖外轮廓应该选择多大的刀尖半径？为什么？

3. 根据上述分析，完成固定顶尖加工的车削刀具表（表2—1—1）。

表2—1—1　　刀　具　表

刀具序号	刀具名称	数量	加工内容	刀尖半径（mm）	刀具规格（mm × mm）

4. 确定固定顶尖零件的定位基准，合理拟定零件加工的工艺路线并在图2—1—2中绘制。

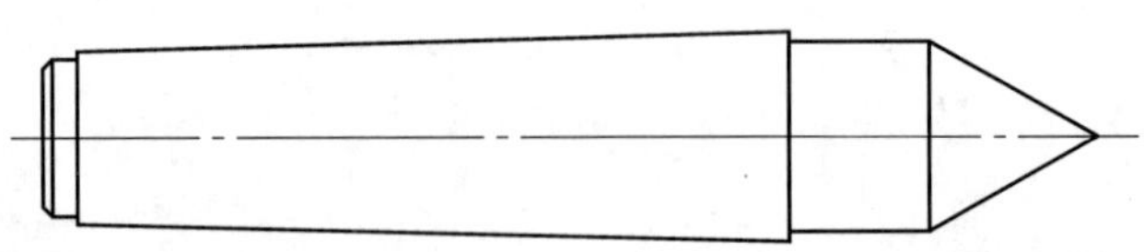

图2—1—2　固定顶尖零件加工工艺路线

5. 根据问题 4 设计的工艺路线及问题 3 填写的刀具表，完成固定顶尖零件数控加工工序表（表 2—1—2）。

表 2—1—2　　　　工　序　表

工步号	工步内容	刀具序号	刀具规格	主轴转速（r/min）	进给量（mm/r）	背吃刀量（mm）
1						
2						
3						
4						
5						
6						
7						
8						
9						
10						
11						
12						

三、程序编制

1. 图形的数学处理就是根据零件图样的要求，并按照已确定的加工工艺路线和允许的编程误差计算出数控系统所需输入的数据。在图 2—1—3 中绘制出固定顶尖的编程坐标系，标出编程原点，然后再用手工计算或利用计算机绘图软件计算零件图样基点的坐标值。

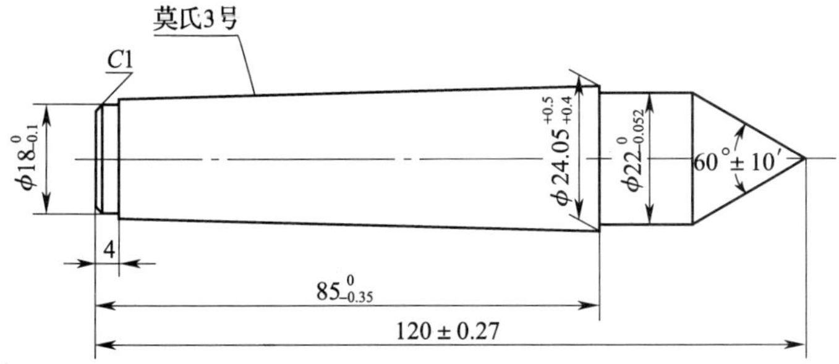

图 2—1—3　固定顶尖编程坐标系

2. 在数控车削加工中，车刀的刀尖不是一个理想点，而是一段半径很小的圆弧（图2—1—4），并且在切削加工时，实际切削点与理想切削点的位置有偏差（图2—1—5），因此可能会造成过切或欠切现象，从而影响零件的加工精度。为此，在数控加工中可能要对车刀刀尖半径进行补偿，以保证零件的加工精度。固定顶尖零件的哪些部位需要刀尖半径补偿？为什么？

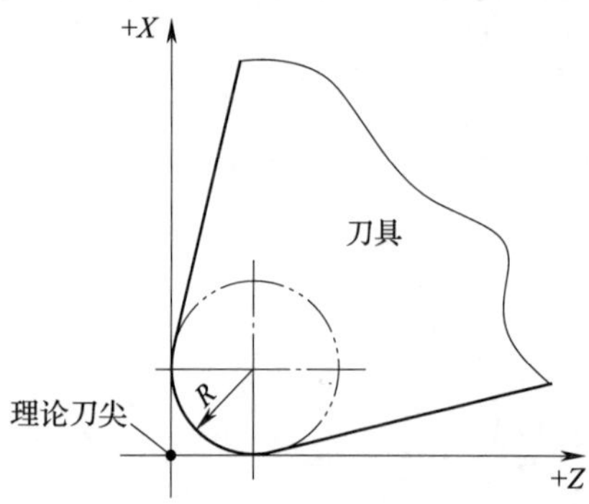

图2—1—4　车刀刀尖

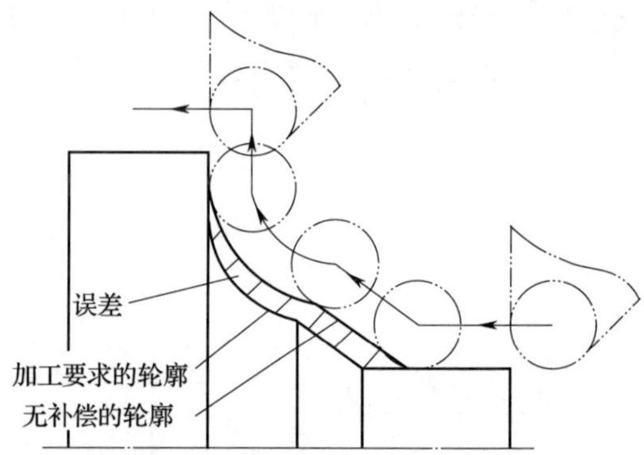

图2—1—5　实际切削点与理想切削点

3. 数控刀具的形状及其安装位置决定了刀尖圆弧位置。如图2—1—6所示，假想刀尖共有10种设置，表达了9个方向的位置关系。将如图2—1—7所示的数控刀具放在对应的刀尖方向号的表格中（表2—1—3），并判断其刀架是前置式还是后置式。

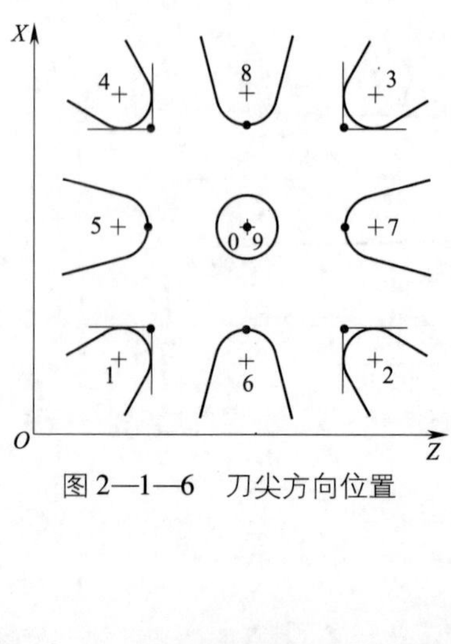

图2—1—6　刀尖方向位置

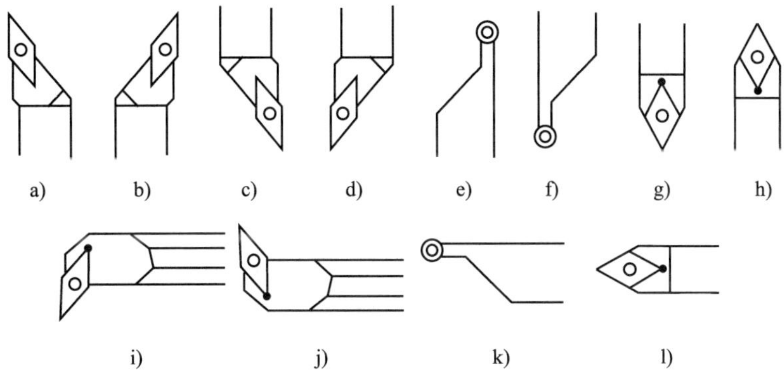

图 2—1—7　数控刀具

表 2—1—3　　刀尖方向与刀架

刀尖方向号	刀尖圆弧位置	后置刀架	前置刀架
0、9	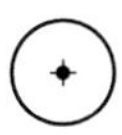		
1			
2	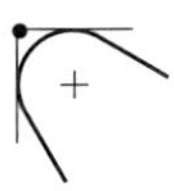		
3	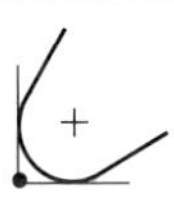		
4	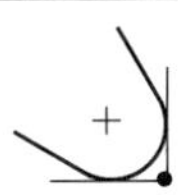		
5	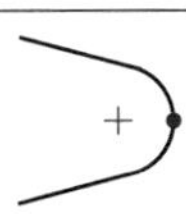		
6	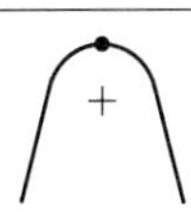		
7	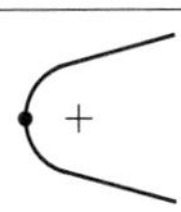		
8	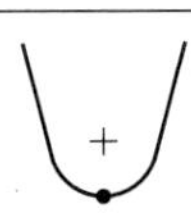		

4. 在后置刀架式数控车床中，沿着刀具的运动方向看刀具在工件的左侧为左刀补（G41），刀具在工件的右侧为右刀补（G42），如图 2—1—8 所示。前置刀架的刀具补偿方向如何判断（画在图 2—1—8 的图框中）？

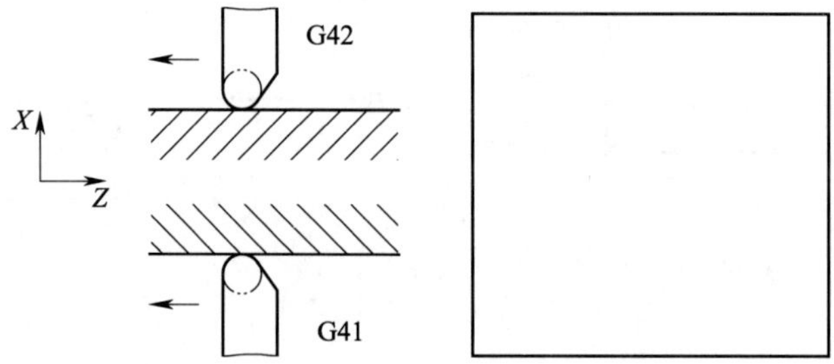

图 2—1—8 刀补方向

5. 查阅编程手册，写出建立或取消刀补指令、内/外径切削循环指令的格式、应用场合，以及固定顶尖加工是怎样应用该指令的。

（1）建立或取消刀补指令（图 2—1—9）

1）指令格式：

2）应用场合：

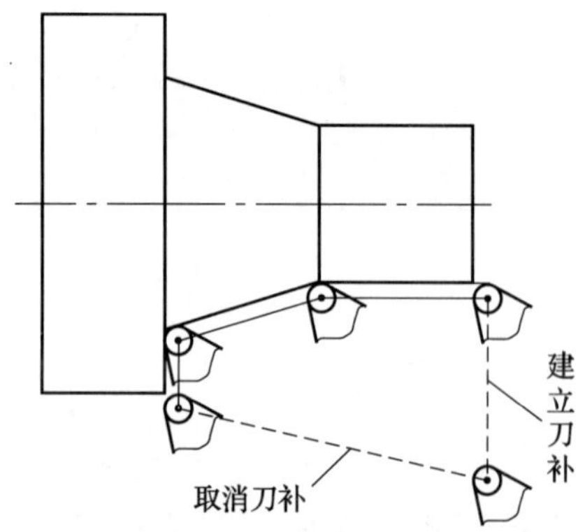

图 2—1—9 建立或取消刀补指令

3）固定顶尖零件的加工需要用到刀尖半径补偿，在图 2—1—10 中画出建立与取消刀尖半径补偿的过程。

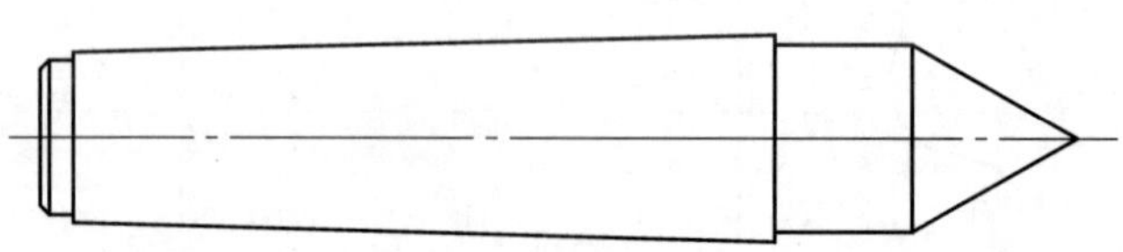

图 2—1—10 建立与取消刀尖半径补偿

（2）内/外径切削循环指令（图 2—1—11）

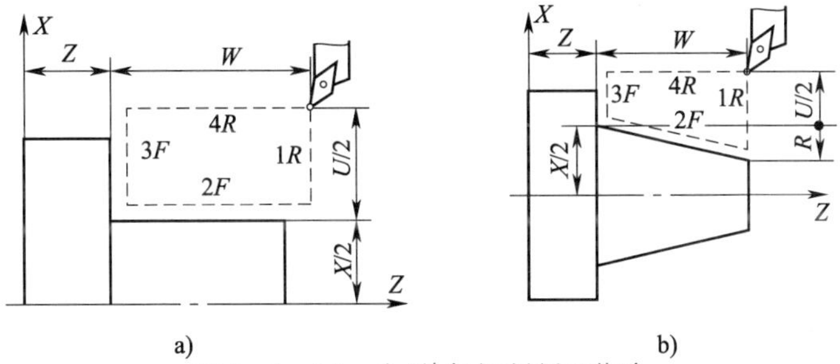

图 2—1—11　内/外径切削循环指令

a）圆柱面切削循环　b）圆锥面切削循环

1）指令格式：

2）应用场合：

6. 根据“刀具选择与工艺制定”问题 5 填写的数控加工工序表以及建立或取消刀补指令和内/外径切削循环指令编写固定顶尖零件的粗、精加工程序，填入表 2—1—4。

表 2—1—4　零件模拟加工程序

程序段号	程　　序	程序段号	程　　序

续表

程序段号	程　序	程序段号	程　序

学习活动2　固定顶尖模拟加工

学习目标

- 能熟练应用仿真软件各项功能。
- 能模拟数控车床操作，完成固定顶尖零件的模拟加工。

建议学时：6学时

学习过程

一、模拟加工设置

说明在仿真软件中模拟加工固定顶尖时，如何进行机床类型、夹具类型与装夹位置、毛坯大小与位置、刀具参数设置。

（1）机床类型设置：

（2）夹具类型与装夹位置设置：

（3）毛坯大小与位置设置：

（4）刀具参数设置：

二、模拟加工

1．在加工固定顶尖零件时，如何保证零件的几何精度？

2．运行已编制好的加工程序，观察仿真软件生成的刀具路径（图 2—2—1）是否符合固定顶尖零件加工要求。如果不符合要求，记录下来，以便改正。

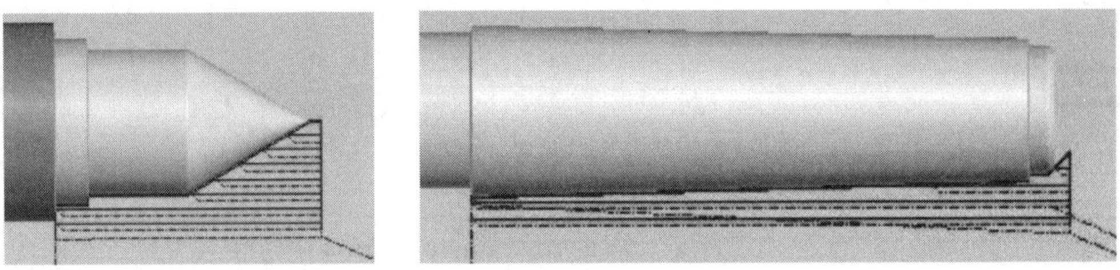

图 2—2—1　模拟加工刀具路径

不合理 1：

不合理 2：

不合理 3：

3．根据固定顶尖“模拟加工”问题 2 中的记录，分析不符合固定顶尖零件加工要求的原因，并在小组讨论中提出预防措施或改进方法，填入表 2—2—1，以提高加工质量和效率。

表 2—2—1　　固定顶尖模拟加工问题

问题	原因	预防措施	改进方法

4. 固定顶尖零件的右端加工完毕后，通过仿真软件的模拟检验发现锥度 60° ±10′及外径 $\phi 22_{-0.052}^{0}$ mm 的数值分别是 62.36°、ϕ24.56 mm，该零件能否修复？如果能修复，应该采用什么方法修复？

5. 如果在加工过程中出现超程现象，其原因是什么？你如何处理？

学习活动 3　固定顶尖模拟检验

学习目标

- 能对固定顶尖零件进行模拟检验。
- 能根据模拟检验结果，完善程序。

建议学时：3 学时

学习过程

一、明确测量要素

固定顶尖零件上有哪些关键尺寸需要测量？为什么？

二、测量几何要素

1. 在固定顶尖零件模拟加工完毕后，$\phi22_{-0.052}^{\ 0}$ mm 直径模拟检验结果为 $\phi21.66$ mm。该尺寸是否合格？如果不合格，是什么原因造成的？应该采用什么方法避免？记录你的测量结果。

2. 在固定顶尖零件模拟加工完毕后，锥度 60° ± 10′模拟检验结果为 59.8°。该锥度是否合格？如果不合格，是什么原因造成的？应该采用什么方法避免？记录你的测量结果。

3. 在固定顶尖零件模拟加工完毕后，长度尺寸 $85^{\ 0}_{-0.35}$ mm 模拟检验结果为 85.10 mm。该尺寸是否合格？如果不合格，是什么原因造成的？应该采用什么方法避免？记录你的测量结果。

4. 如果要加工真实的固定顶尖零件产品，结合图 2—3—1 选择需要用到的真实量具，填入表 2—3—1。

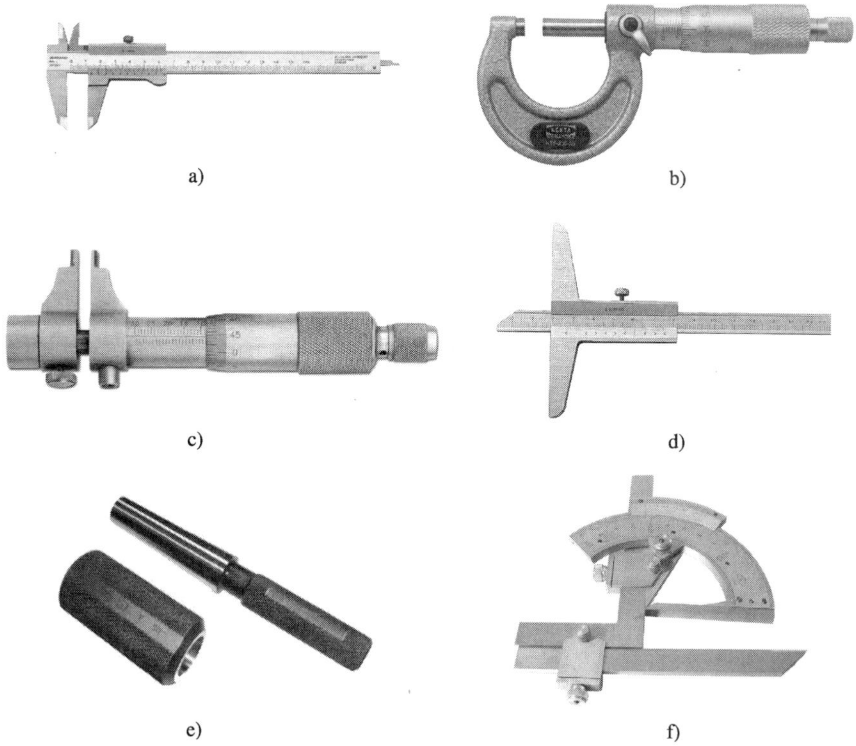

图 2—3—1　量具

表 2—3—1　　选用的量具

序号	测量项目	选用的量具
1	外圆测量项目	
2	长度测量项目	
3	锥度测量项目	
4		

三、提出工艺方案修改意见

利用仿真软件的测量功能，检验零件的加工精度，对不合格项目提出工艺方案修改意见，填入表 2—3—2。

表 2—3—2　　工艺方案修改意见

序号	不合格项目	修改意见
1		
2		
3		
4		

学习活动4 成果展示与总结评价

学习目标

- 能讨论分析固定顶尖加工缺陷造成的原因和应采取的解决措施。
- 能描述通过固定顶尖零件模拟加工所学到的编程知识与技能。
- 能总结在固定顶尖零件模拟加工中获得的经验和不足之处。
- 能在小组、全班展示固定顶尖零件模拟加工成果。

建议学时：3学时

学习过程

一、个人总结

1. 根据固定顶尖零件模拟加工质量及完成情况，分析固定顶尖零件编程与模拟加工中的不合理处及其原因并提出改进意见，填入表2—4—1。

表2—4—1 固定顶尖模拟加工不合理处及改进意见

序号	工作内容	不合理处	不合理的原因	改进意见
1	零件工艺处理与编程			
2	零件模拟加工			

续表

序号	工作内容	不合理处	不合理的原因	改进意见
3	零件模拟检验			

2．通过固定顶尖模拟加工，你学习到了什么编程知识与加工技能？

（1）编程知识：

（2）加工技能：

二、小组总结与清扫

1．利用零件加工工艺、零件截图、零件模拟加工录像等素材，以 PPT 的形式展示工作成果（例如工艺与程序拟定的思路、模拟加工重点与难点等），并将 PPT 的大纲记录下来。

2. 看过其他小组展示的设计方案后，你对本小组展示方案设计有哪些新的想法?

3. 检查工作场地，按6S管理要求清理打扫，将在清理打扫过程中发现的问题记录下来。

三、综合评价

完成综合评价表（表2—4—2）。

表2—4—2 综合评价表

班级________ 学生姓名________ 学号________

序号	项目	项目配分	子项	子项配分	表现结果	评分标准	得分	累计
1	纪律	25	迟到	5		违规不得分		
			溜号	5		违规不得分		
			早退	5		违规不得分		
			串岗	5		违规不得分		
			旷课	5		违规不得分		
2	仿真过程	30	程序规范正确	10		酌情扣分		
			仿真软件操作正确	5		熟练程度		
			回参考点	3		是否按要求		
			工件设置	2		方法是否掌握		
			对刀	5		方法是否掌握		
			程序输入	5		酌情扣分		
3	零件项目	40	$\phi22_{-0.052}^{\ 0}$ mm	4		超差不得分		
			$\phi24.05_{+0.4}^{+0.5}$ mm	4		超差不得分		
			$\phi18_{-0.1}^{\ 0}$ mm	4		超差不得分		
			$60°\pm10'$	4		超差不得分		
			莫氏3号锥度	8		超差不得分		
			↗ 0.05 A–B	4		超差不得分		
			— 0.04	4		超差不得分		
			长度 $85_{-0.35}^{\ 0}$ mm	3		超差不得分		
			长度 120 ± 0.27 mm	3		超差不得分		
			倒角 C1	2		超差不得分		
4	6S	5	按6S管理要求酌情扣分					
5	总分	100						

任课教师： 年 月 日

学习任务三　螺纹轴编程与模拟加工

学习目标

1. 能遵守机房各项管理规定，并规范使用计算机。

2. 能正确选择加工三角螺纹的切削用量。

3. 能进行螺纹参数计算。

4. 能正确编制螺纹轴零件加工工艺卡片。

5. 能编制螺纹轴零件的数控车削加工程序，并绘制刀具路径图。

6. 能熟练应用仿真软件各项功能，完成螺纹轴零件的模拟加工，并能根据模拟测量结果完善程序。

7. 能积极展示学习成果，通过小组讨论总结和反思学习活动，以提高学习效率。

建议学时

16 学时。

工作情境描述

某企业设计的某型设备上需要装配一个螺纹轴零件，为了保证设备运行性能符合设计要求，需要试制试装配这个螺纹轴零件。工艺设计部门接到这个任务后，需要分析设计图样、合理安排工艺、编制调试程序，并通过模拟切削检验有关工艺与程序，以确定是否能加工出符合使用要求的螺纹轴。

零件图样（图 3—0—1）:

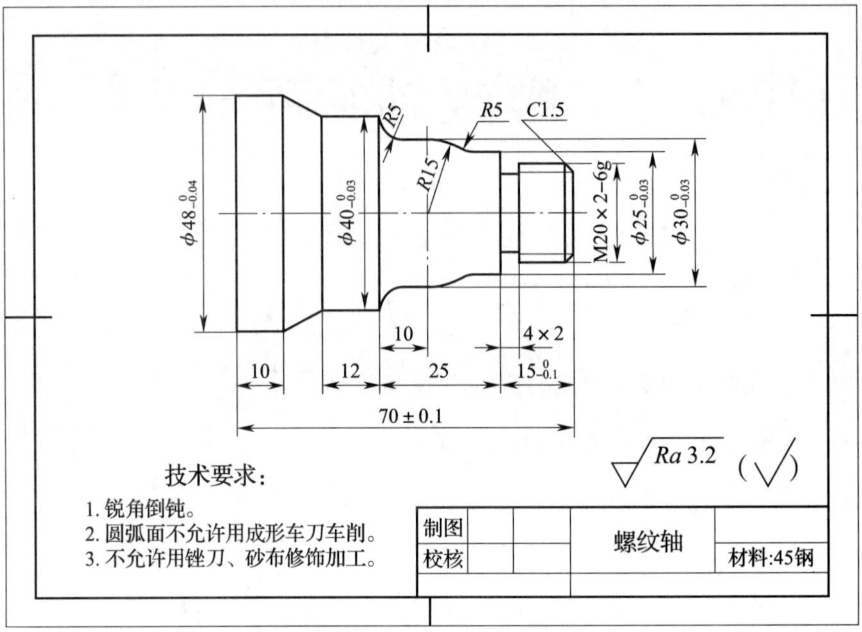

图 3—0—1　螺纹轴零件图样

工作流程与活动

学习活动 1：螺纹轴工艺处理与编程（8 学时）

学习活动 2：螺纹轴模拟加工（4 学时）

学习活动 3：螺纹轴模拟检验（2 学时）

学习活动 4：成果展示与总结评价（2 学时）

学习活动1　螺纹轴工艺处理与编程

学习目标

- 能正确选择加工三角螺纹的切削用量。
- 能进行螺纹参数计算。
- 能正确填写螺纹轴零件加工工艺卡片。
- 能编写螺纹轴的数控车削加工程序。

建议学时：8 学时

学习过程

一、图样分析

1. 本任务所加工的螺纹轴零件应选择什么尺寸的毛坯？材料是什么？其加工切削性能怎样？有无热处理和硬度要求？

2. 零件图上是否漏掉某尺寸或尺寸标注不清，从而影响零件的编程。若发现问题，应向设计人员或工艺制定部门请示并提出修改意见。

3. 本任务所加工的螺纹轴零件的右端是 M20×2—6g 的普通三角螺纹，查阅资料，了解并说明普通三角螺纹的作用和加工要求是什么。

4. 在螺纹切削时，由于刀具的挤压使得最后加工出来的顶径产生塑性膨胀，从而影响螺纹的装配和正常使用，所以螺纹车削前的螺纹大径应车至比公称直径小 $0.13P$，以保证车削后的螺纹牙顶处有 $0.125P$ 的宽度。计算本任务的螺纹轴零件的螺纹大径应是多少。

5. 找出螺纹轴零件图样上尺寸精度及表面结构要求较高的加工表面。

6. 根据问题 5 的结果，判断能否利用数控车削加工达到尺寸精度及表面结构要求。需要采取什么工艺方法?

二、刀具选择与工艺制定

1. 根据螺纹轴零件图样，在如图 3—1—1 所示刀具中选择合适的数控外轮廓车刀，并说明选用原因。

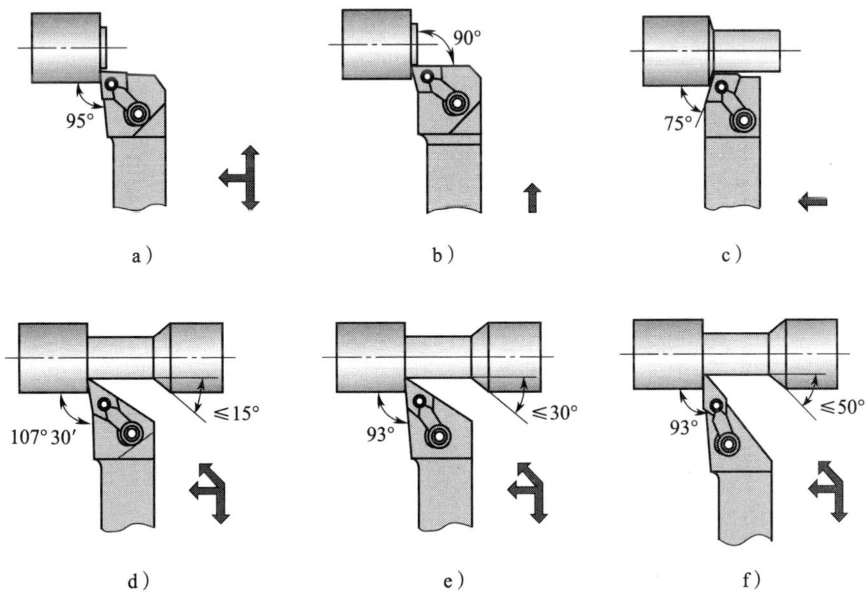

图 3—1—1　数控刀具

2. 采用问题 1 选择的外轮廓车刀，粗、精加工螺纹轴外轮廓各应该选择多大的刀尖半径？为什么？

3．通过观看数控车削加工的教学视频、有关图片或者查找资料，判断表 3—1—1 图例所示刀架类型和外切槽刀具类型。

表 3—1—1　　判断刀架类型和外切槽刀具类型

序号	图例	刀架类型	外切槽刀具类型
1	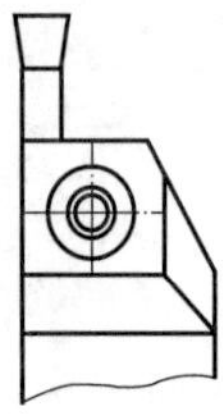	□前置刀架 □后置刀架	□右手槽刀 □左手槽刀
2	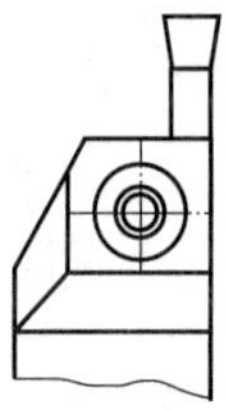	□前置刀架 □后置刀架	□右手槽刀 □左手槽刀
3	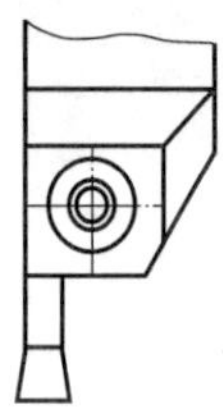	□前置刀架 □后置刀架	□右手槽刀 □左手槽刀
4	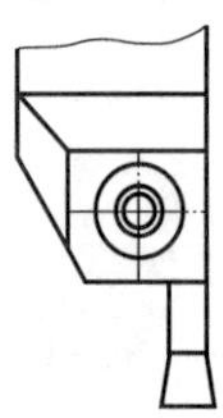	□前置刀架 □后置刀架	□右手槽刀 □左手槽刀

4．根据问题 3 的结果，螺纹轴零件的退刀槽需要用右手槽刀还是左手槽刀加工？为什么？

5．通过观看数控车削加工的教学视频、有关图片或者查找资料，判断表3—1—2图例所示刀架类型、所加工螺纹的旋向及螺纹刀具类型。

表3—1—2　　判断刀架类型、螺纹旋向及螺纹刀具类型

序号	图例	刀架类型	螺纹旋向	螺纹刀具类型
1	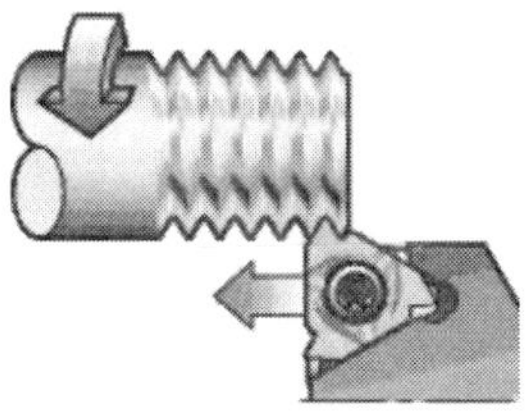	□前置刀架 □后置刀架	□右旋螺纹 □左旋螺纹	□右手螺纹刀 □左手螺纹刀
2	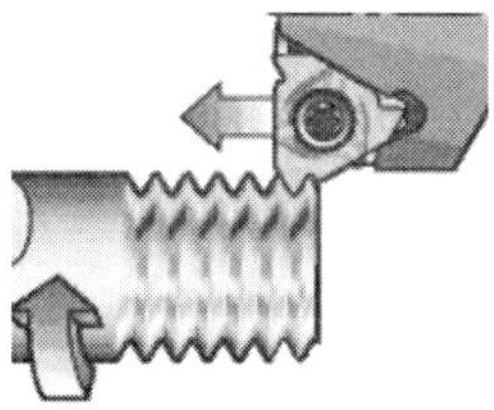	□前置刀架 □后置刀架	□右旋螺纹 □左旋螺纹	□右手螺纹刀 □左手螺纹刀
3	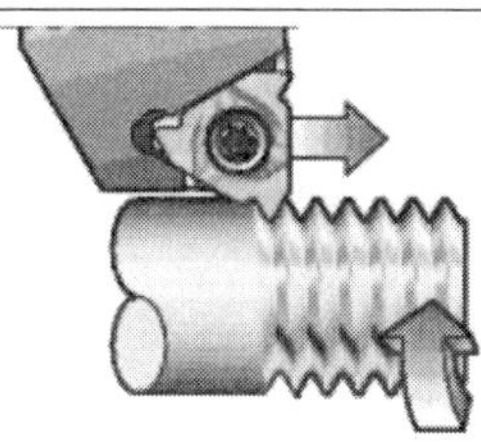	□前置刀架 □后置刀架	□右旋螺纹 □左旋螺纹	□右手螺纹刀 □左手螺纹刀
4	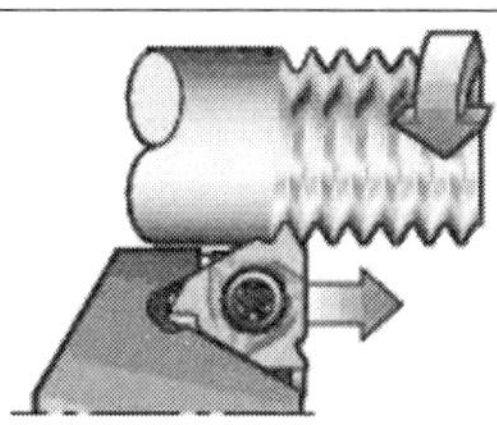	□前置刀架 □后置刀架	□右旋螺纹 □左旋螺纹	□右手螺纹刀 □左手螺纹刀
5	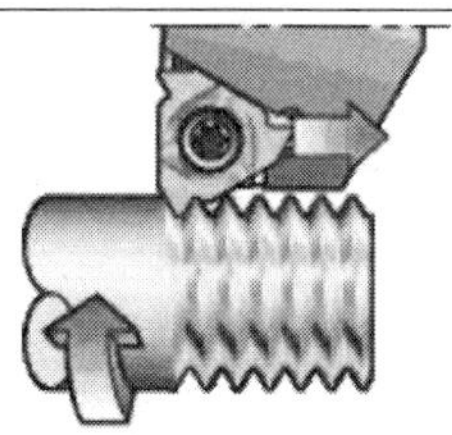	□前置刀架 □后置刀架	□右旋螺纹 □左旋螺纹	□右手螺纹刀 □左手螺纹刀
6		□前置刀架 □后置刀架	□右旋螺纹 □左旋螺纹	□右手螺纹刀 □左手螺纹刀

6. 根据问题5的结果，螺纹轴零件的三角螺纹需要用右手螺纹刀还是左手螺纹刀加工？为什么？

7. 通过观看数控车削加工的教学视频或者查找资料，计算螺纹轴零件的三角螺纹牙深，以及需要几刀才能车削至螺纹牙深、每一刀的背吃刀量是多少。

8. 根据上述分析，完成螺纹轴加工的车削刀具表（表3—1—3）。

表3—1—3　　刀具表

刀具序号	刀具名称	数量	加工内容	刀尖半径（mm）	刀具规格（mm × mm）

9. 确定螺纹轴零件的定位基准，合理拟定零件加工的工艺路线（在图3—1—2中绘制）。

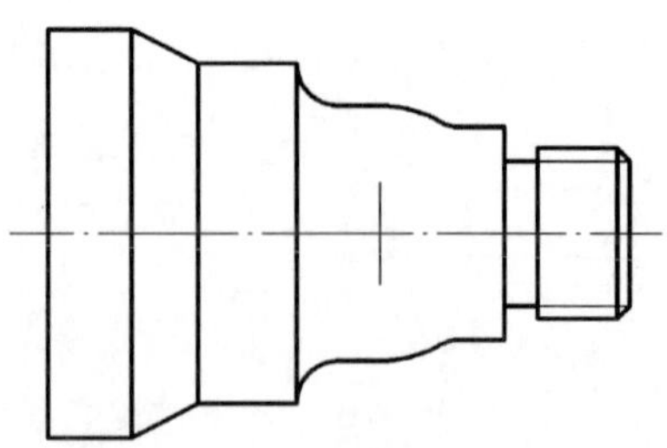

图3—1—2　螺纹轴零件加工工艺路线

10. 根据问题9设计的工艺路线及问题8填写的刀具表，完成螺纹轴零件数控加工工序表（表3—1—4）。

表3—1—4　　　　工　序　表

工步号	工步内容	刀具序号	刀具规格	主轴转速（r/min）	进给量（mm/r）	背吃刀量（mm）
1						
2						
3						
4						
5						
6						
7						
8						
9						
10						
11						

三、程序编制

1. 在图3—1—3中绘制出编程坐标系，标出编程原点。

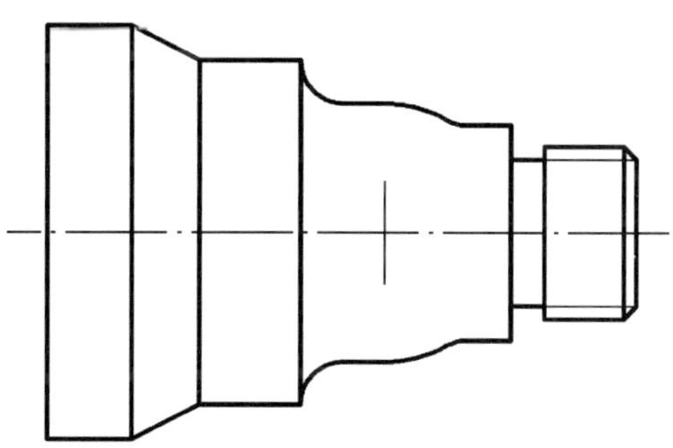

图3—1—3　螺纹轴编程坐标系

2. 螺纹轴零件右端由 *R*5 mm、*R*15 mm、*R*5 mm 三段圆弧和一段直线光滑连接而成，根据图 3—1—4 给出的已知条件手工计算或利用计算机绘图软件计算零件图样基点的坐标值。

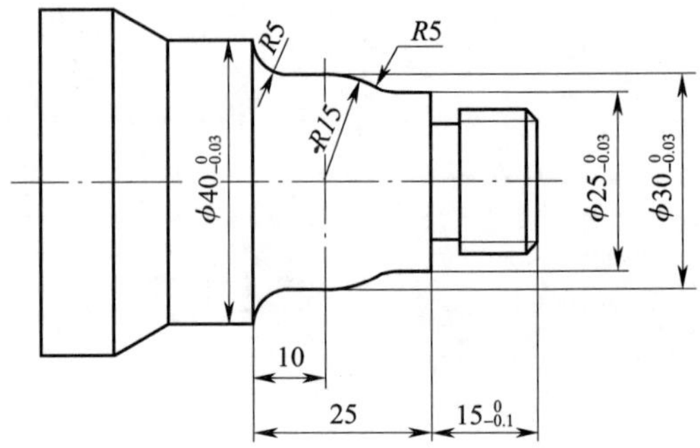

图 3—1—4　螺纹轴零件

3. 查阅编程手册，写出粗车固定循环指令、螺纹切削指令、螺纹切削循环指令的格式、应用场合，以及螺纹轴加工是怎样应用以上指令的。

（1）粗车固定循环指令（图 3—1—5）。

1）指令格式：

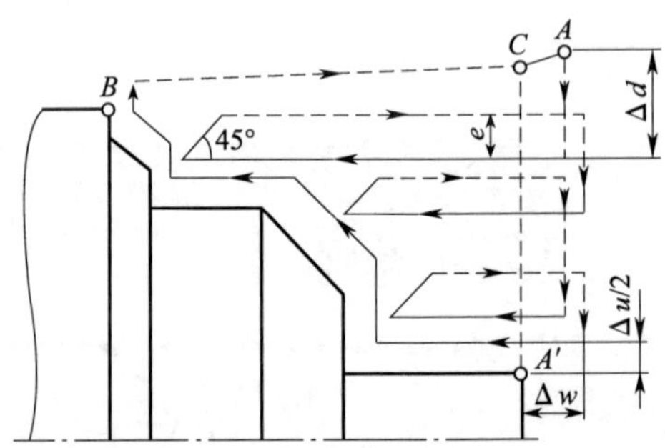

2）应用场合：

图 3—1—5　粗车固定循环指令

3）根据“刀具选择与工艺制定”问题10填写的数控加工工序表以及所学的粗车固定循环指令编写螺纹轴零件外轮廓的粗加工程序，填入表3—1—5。

表3—1—5　　螺纹轴零件外轮廓的粗加工程序

程序段号	程　序	程序段号	程　序

（2）螺纹切削指令（图3—1—6）。

1）指令格式：

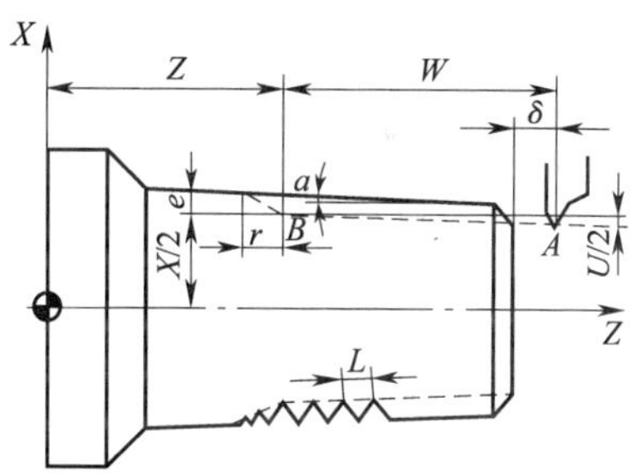

图3—1—6　螺纹切削指令

2）应用场合：

3）螺纹轴零件的外螺纹是 M20 ×2 - 6g，根据“刀具选择与工艺制定”问题 10 填写的数控加工工序表以及所学的螺纹切削指令编写螺纹轴零件螺纹的粗、精加工程序，填入表 3—1—6。

表 3—1—6　　螺纹轴零件螺纹的粗、精加工程序

程序段号	程　序	程序段号	程　序

（3）螺纹切削循环指令（图 3—1—7）。

1）指令格式：

2）应用场合：

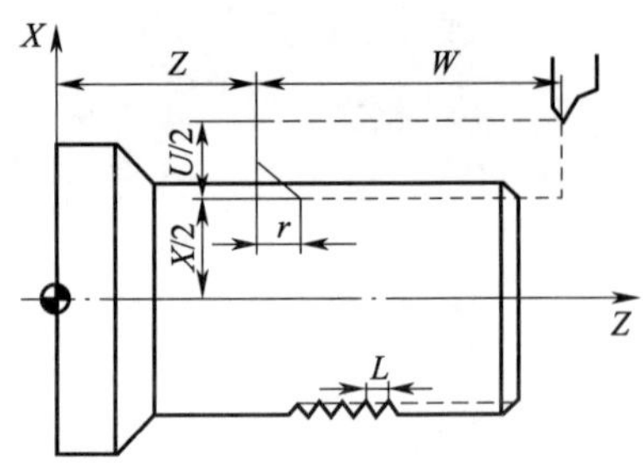

图 3—1—7　螺纹切削循环

3）螺纹轴零件的外螺纹是 M20 ×2—6g，根据“刀具选择与工艺制定”问题 10 填写的数控加工工序表以及所学的螺纹切削指令编写螺纹轴零件螺纹的粗、精加工程序，填入表 3—1—7。

表 3—1—7　　螺纹轴零件螺纹的粗、精加工程序

程序段号	程　序	程序段号	程　序

4. 螺纹轴零件的加工需要用到刀尖半径补偿，在图 3—1—8 中画出建立刀尖半径补偿与取消刀尖半径补偿的过程。

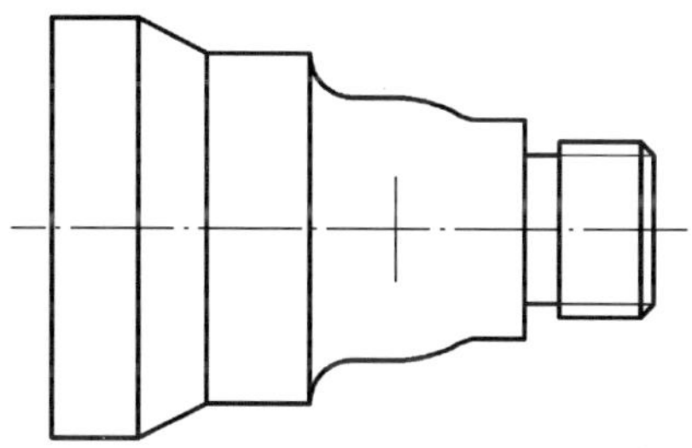

图 3—1—8　建立与取消刀尖半径补偿

5. 在螺纹加工轨迹中，应设置足够的升速进刀段 δ_1 和降速退刀段 δ_2，以消除伺服滞后造成的螺距误差，如图 3—1—9 所示。在螺纹轴零件加工的程序中，如何实现升速进刀段 δ_1 和降速退刀段 δ_2？

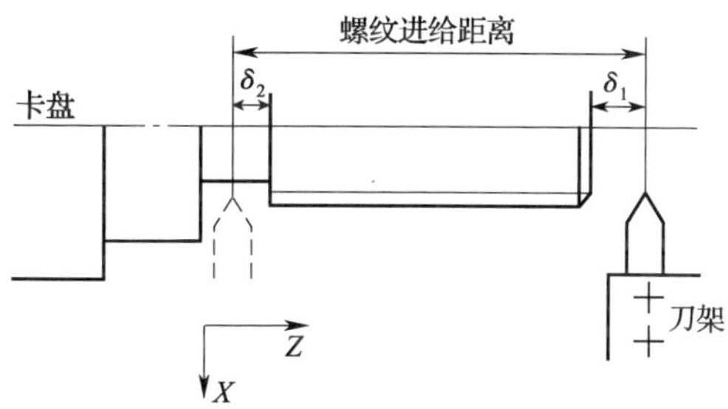

图 3—1—9　升速进刀段和降速退刀段

6. 根据螺纹轴零件图样及前述问题，编写数控加工程序并填入表 3—1—8。

表 3—1—8　　零件模拟加工程序

程序段号	程　　序	程序段号	程　　序

续表

程序段号	程　　序	程序段号	程　　序

学习活动2　螺纹轴模拟加工

学习目标

- 能熟练应用仿真软件各项功能。
- 能模拟数控车床操作，完成螺纹轴零件的模拟加工。

建议学时：4学时

学习过程

一、模拟加工设置

1. 说明在仿真软件中模拟加工螺纹轴时，如何进行机床类型、夹具类型与装夹位置、毛坯大小与位置、刀具参数设置。

（1）机床类型设置：

（2）夹具类型与装夹位置设置：

（3）毛坯大小与位置设置：

（4）刀具参数设置：

2．螺纹轴零件是否需要调头装夹？如果需要，装夹在什么位置？

二、模拟加工

1．如图 3—2—1 所示，外切槽刀有左、右两个刀位点。在整个加工程序中应采用同一个刀位点，这样对刀和编程都比较方便。你认为采用哪个刀位点对刀较合理？为什么？

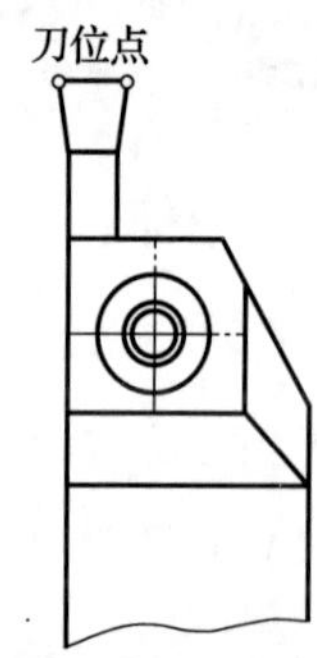

图 3—2—1　外切槽刀

2．螺纹车刀的刀尖不能对毛坯进行“*Z* 轴”方向的试切削，那么螺纹车刀“*Z* 轴”方向应如何对刀？写出螺纹车刀对刀的主要操作步骤。

3. 运行已编制好的加工程序，观察仿真软件生成的刀具路径（图 3—2—2）是否符合螺纹轴加工要求。如果不符合要求，记录下来，以便改正。

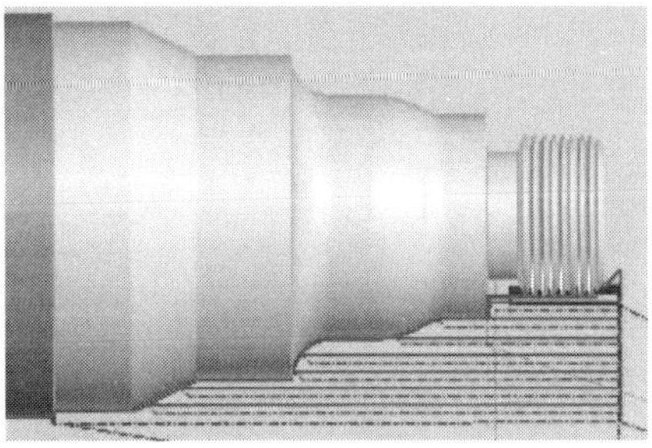

图 3—2—2　模拟加工刀具路径

不合理 1：

不合理 2：

不合理 3：

4. 根据螺纹轴“模拟加工”问题 3 中的记录，分析不符合螺纹轴加工要求的原因，并在小组讨论中提出预防措施或改进方法，填入表 3—2—1，以提高加工质量和效率。

表 3—2—1　螺纹轴模拟加工问题

问题	原因	预防措施	改进方法

5. 螺纹轴零件的外轮廓加工完毕后，通过仿真软件的模拟检验发现 $\phi25_{-0.03}^{\ 0}$ mm、$\phi30_{-0.03}^{\ 0}$ mm、$\phi40_{-0.03}^{\ 0}$ mm、$\phi48_{-0.04}^{\ 0}$ mm 的直径分别为 $\phi25.26$ mm、$\phi30.20$ mm、$\phi40.26$ mm、$\phi48.24$ mm，该零件能否修复？如果能修复，应该采用什么方法修复？

6. 在螺纹加工中，主轴转速不一致会引起什么后果？可以用什么办法避免？

学习活动 3　螺纹轴模拟检验

学习目标

- 能对螺纹轴零件进行模拟检验。
- 能根据模拟检验结果，完善程序。

建议学时：2 学时

学习过程

一、明确测量要素

螺纹轴零件上有哪些关键尺寸需要测量？为什么？

二、测量几何要素

1．螺纹轴零件加工完毕后，通过仿真软件的模拟检验发现直径 $\phi25_{-0.03}^{0}$ mm、$\phi30_{-0.03}^{0}$ mm、$\phi40_{-0.03}^{0}$ mm、$\phi48_{-0.04}^{0}$ mm 的实际尺寸，分别是 $\phi24.94$ mm、$\phi29.95$ mm、$\phi39.94$ mm、$\phi47.95$ mm。这些尺寸是否合格？如果不合格，是什么原因造成的？应该采用什么方法避免？记录你的测量结果。

2．螺纹轴零件加工完毕后，通过仿真软件的模拟检验发现圆弧 $R5$ mm、$R15$ mm、$R5$ mm 的实际圆弧半径，分别为 $R5.4$ mm、$R14.6$ mm、$R4.6$ mm。这些尺寸是否合格？如果不合格，是什么原因造成的？应该采用什么方法避免？记录你的测量结果。

3．螺纹轴零件 4 mm × 2 mm 的退刀槽加工完毕后，通过仿真软件的模拟检验发现退刀槽的尺寸超差（图 3—3—1）。这是什么原因造成的？应该采用什么方法避免？记录你的测量结果。

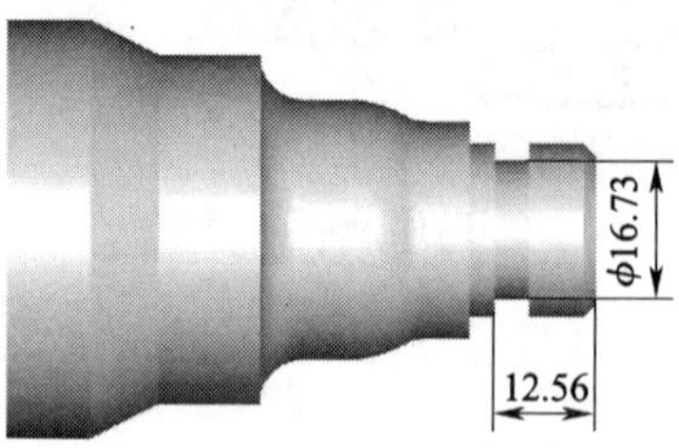

图 3—3—1　退刀槽的尺寸

4．螺纹轴零件 M20 × 2 - 6g 的螺纹加工完毕后，通过观察发现螺纹长度没有加工到位（图 3—3—2）。这是什么原因造成的？应该采用什么方法避免？记录你的测量结果。

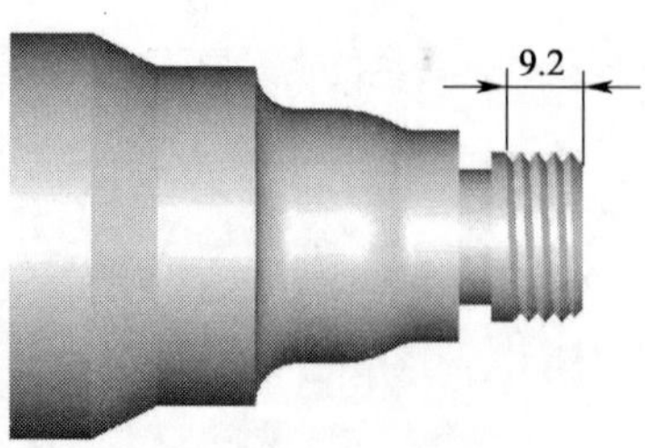

图 3—3—2　螺纹长度

5. 螺纹轴零件加工完毕后，通过仿真软件的模拟检验发现长度 70 ±0. 1 mm 的实际尺寸是 69. 86 mm。这是什么原因造成的？应该采用什么方法避免？记录你的测量结果。

6. 如果要加工真实的螺纹轴零件产品，结合图 3—3—3 选择需要用到的真实量具，填入表 3—3—1。

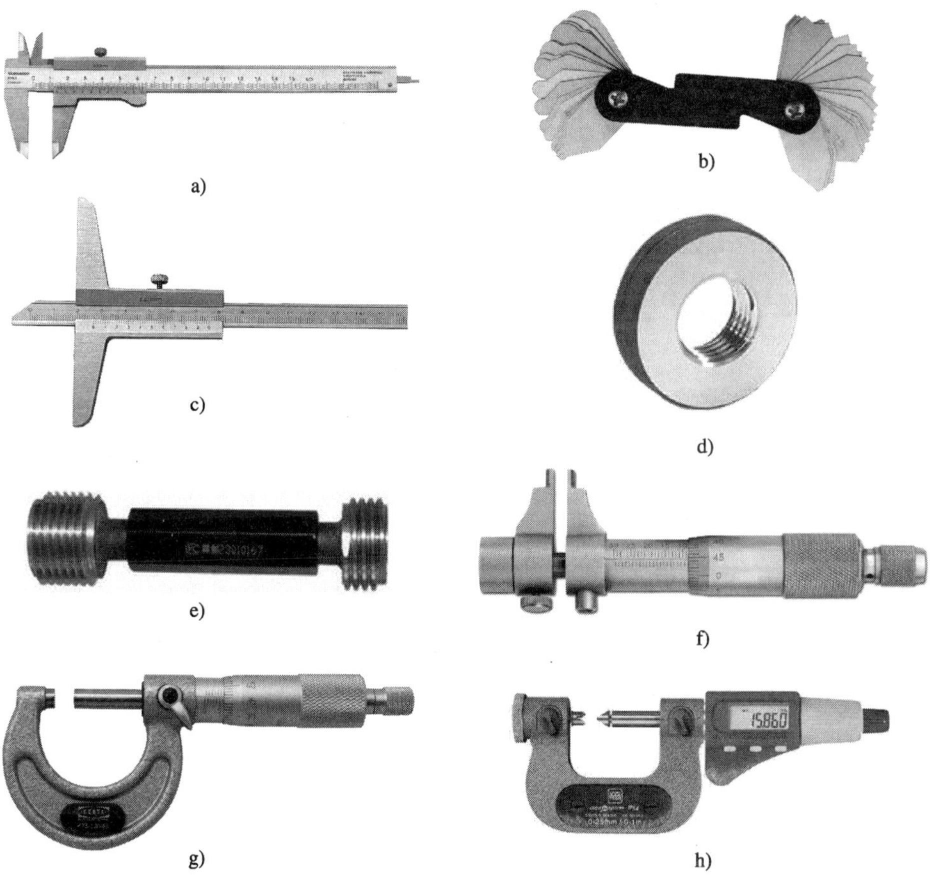

图 3—3—3　量具

表 3—3—1　　选用的量具

序号	测量项目	选用的量具
1	外圆测量项目	
2	长度测量项目	
3	圆弧测量项目	
4	螺纹测量项目	

三、提出工艺方案修改意见

利用仿真软件的测量功能，检验零件加工精度，对不合格项目提出修改意见，填入表 3—3—2。

表 3—3—2　　工艺方案修改意见

序号	不合格项目	修改意见
1		
2		
3		
4		

学习活动 4　成果展示与总结评价

学习目标

- 能讨论分析螺纹轴加工缺陷造成的原因和应采取的解决措施。
- 能描述通过螺纹轴零件模拟加工所学到的编程知识与技能。
- 能总结在螺纹轴零件模拟加工中获得的经验和不足之处。
- 能在小组、全班展示螺纹轴零件模拟加工成果。

建议学时：2 学时

学习过程

一、个人总结

1. 根据螺纹轴零件模拟加工质量及完成情况，分析螺纹轴零件编程与模拟加工中的不合理处及其原因并提出改进意见，填入表 3—4—1。

表 3—4—1　　螺纹轴模拟加工不合理处及改进意见

序号	工作内容	不合理处	不合理的原因	改进意见
1	零件工艺处理与编程			
2	零件模拟加工			

续表

序号	工作内容	不合理处	不合理的原因	改进意见
3	零件模拟检验			

2. 通过螺纹轴的模拟加工学到什么编程知识与加工技能?

（1）编程知识：

（2）加工技能：

3. 从以下三个方面分析相对于普通车床而言，用数控车床加工螺纹有何优势?

（1）效率：

（2）操作者的劳动强度：

（3）螺纹精度：

二、小组总结与清扫

1. 利用零件加工工艺、零件截图、零件模拟加工录像等素材，以 PPT 的形式展示工作成果（例如工艺与程序拟定的思路、模拟加工重点与难点等），并将 PPT 的大纲记录下来。

2. 看过其他小组展示的设计方案后，你对本小组展示方案设计有哪些新的想法？

3. 检查工作场地，按 6S 管理要求清理打扫，将在清理打扫过程中发现的问题记录下来。

三、综合评价

完成综合评价表（表3—4—2）。

表3—4—2　　　　综合评价表

班级_________　　学生姓名_________　　学号_________

序号	项目	项目配分	子项	子项配分	表现结果	评分标准	得分	累计
1	纪律	25	迟到	5		违规不得分		
			溜号	5		违规不得分		
			早退	5		违规不得分		
			串岗	5		违规不得分		
			旷课	5		违规不得分		
2	仿真过程	30	程序规范正确	10		酌情扣分		
			仿真软件操作正确	5		熟练程度		
			回参考点	3		是否按要求		
			工件设置	2		方法是否掌握		
			对刀	5		方法是否掌握		
			程序输入	5		酌情扣分		
3	零件项目	40	$\phi25_{-0.03}^{0}$ mm	4		超差不得分		
			$\phi30_{-0.03}^{0}$ mm	4		超差不得分		
			$\phi40_{-0.03}^{0}$ mm	4		超差不得分		
			$\phi48_{-0.04}^{0}$ mm	4		超差不得分		
			M20×2－6g	8		超差不得分		
			*R*5 mm（2处）	4		超差不得分		
			*R*15 mm	2		超差不得分		
			4 mm×2 mm	2		超差不得分		
			长度 $15_{-0.1}^{0}$ mm	3		超差不得分		
			长度 70±0.1 mm	3		超差不得分		
			倒角 *C*1.5	2		超差不得分		
4	6S	5	按6S管理要求酌情扣分					
5	总分	100						

任课教师：　　　　年　　月　　日

学习任务四　轴套编程与模拟加工

学习目标

1. 能遵守机房各项管理规定，并规范使用计算机。

2. 能正确选择轴套零件数控车削加工所用刀具的几何参数及切削用量。

3. 能正确编制轴套零件加工工艺卡片。

4. 能正确编写轴套零件的数控车削加工程序，并绘制刀具路径图。

5. 能熟练应用仿真软件各项功能，完成轴套零件的模拟加工，并能根据模拟测量结果完善程序。

6. 能积极展示学习成果，通过小组讨论总结和反思学习活动，以提高学习效率。

建议学时

14 学时。

工作情境描述

某公司对某轴套零件进行了改进，技术研发部将设计样本图样交给负责试制的生产部门，要求在 2 个工作日内使用数控车床进行小批量加工，零件的各尺寸、几何公差、表面结构必须达标。工艺设计部门接到这个任务后，需要分析设计图样、合理安排工艺、编制调试程序，并通过模拟切削检验有关工艺与程序，以确定是否能加工出符合使用要求的轴套。

零件图样（图 4—0—1）：

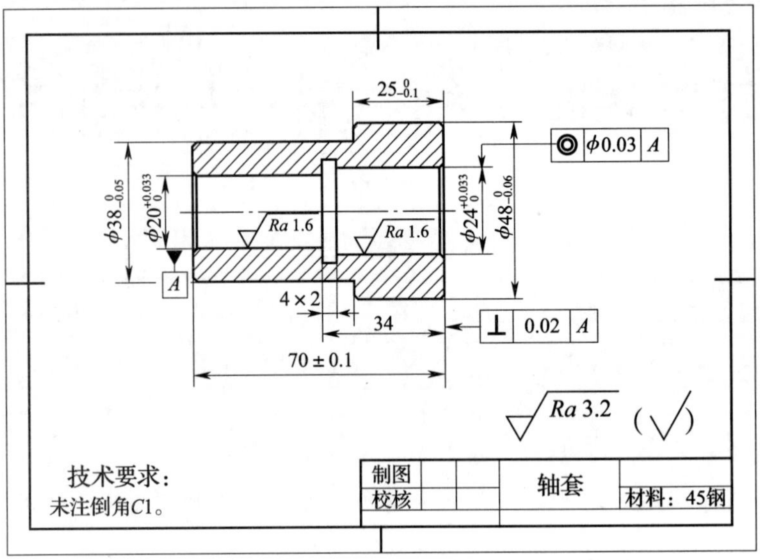

图 4—0—1 轴套零件图样

工作流程与活动

学习活动 1：轴套工艺处理与编程（6 学时）

学习活动 2：轴套模拟加工（4 学时）

学习活动 3：轴套模拟检验（2 学时）

学习活动 4：成果展示与总结评价（2 学时）

学习活动1　轴套工艺处理与编程

学习目标

- 能正确选用轴套零件加工所用刀具的几何参数及切削用量。
- 能正确填写轴套零件加工工艺卡片。
- 能正确编写轴套零件的数控车削加工程序。

建议学时：6学时

学习过程

一、图样分析

1. 本任务所加工的轴套零件应选择什么尺寸的毛坯？材料是什么？其加工切削性能怎样？有无热处理和硬度要求？

2. 零件图上是否漏掉某尺寸或尺寸标注不清，从而影响零件的编程。若发现问题，应向设计人员或工艺制定部门请示并提出修改意见。

3. 本零件的关键尺寸有哪些？零件图样中所标注的基准都在什么部位？

4. 找出图样上尺寸精度及表面结构要求较高的加工表面。

5. 根据问题4的结果，判断能否利用数控车削加工达到尺寸精度及表面结构的要求。需要采取什么工艺方法？

6. 从零件图样中找出 [◎|ϕ0.03|A]、[⊥|0.02|A] 两个几何公差符号，并说明其含义。如加工后未达到以上两个几何公差的精度要求会对零件使用产生什么影响?

二、刀具选择与工艺制定

1. 根据轴套零件图样，在如图 4—1—1 所示刀具中选择合适的数控外轮廓车刀，并说明选用原因。

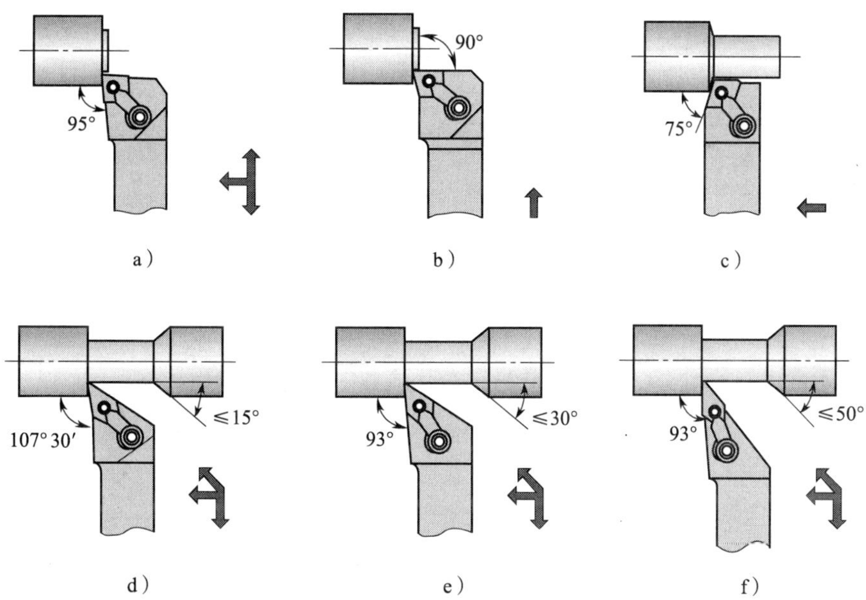

图 4—1—1　数控刀具

2. 采用问题 1 选择的外轮廓车刀，粗、精加工轴套外轮廓应该选择多大的刀尖半径？为什么？

3. 根据轴套零件图样，在如图 4—1—2 所示刀具中选择适合加工轴套零件内孔的数控刀具，并说明选用的原因。

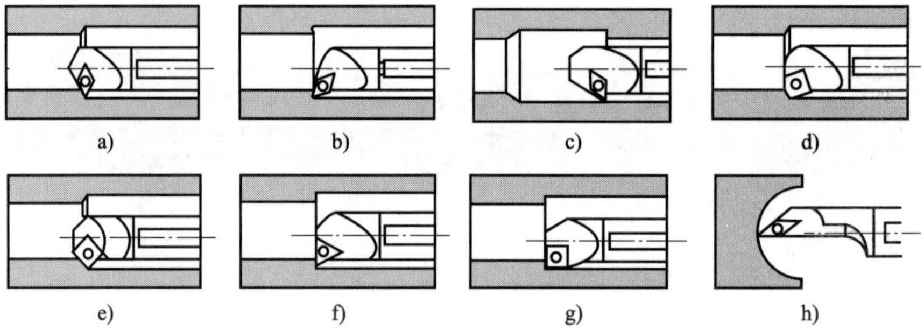

图 4—1—2　数控刀具

4. 采用问题 3 选择的内孔车刀，粗、精加工轴套内孔应该选择多大的刀尖半径？

5. 内沟槽车刀的主切削刃的宽度应选择多宽?

6. 根据上述分析，完成轴套加工的车削刀具表（表 4—1—1）。

表 4—1—1　　刀　具　表

刀具序号	刀具名称	数量	加工内容	刀尖半径（mm）	刀具规格（mm × mm）

7. 确定轴套零件的定位基准，合理拟定零件加工的工艺路线（在图 4—1—3 中绘制）。

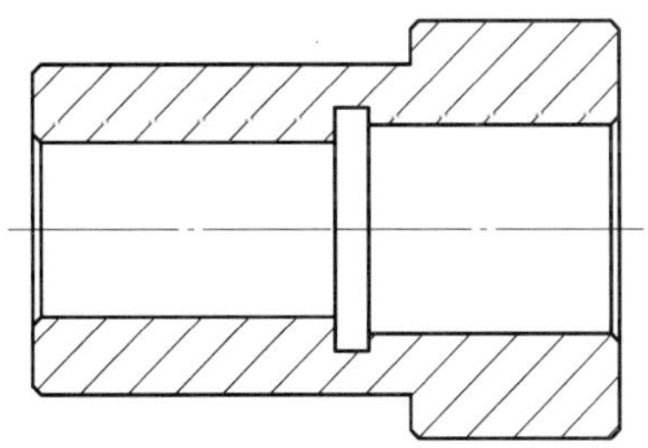

图 4—1—3　轴套零件加工工艺路线

8．根据问题 7 设计的工艺路线及问题 6 填写的刀具表，填写数控加工工序表（表 4—1—2）。

表 4—1—2　　工　序　表

工步号	工步内容	刀具序号	刀具规格	主轴转速（r/min）	进给量（mm/r）	背吃刀量（mm）
1						
2						
3						
4						
5						
6						
7						
8						
9						
10						
11						
12						
13						

三、程序编制

1．在图 4—1—4 中绘制出编程坐标系，标出编程原点。

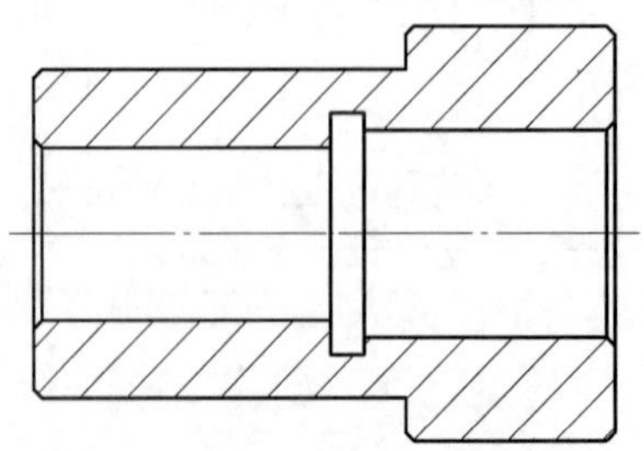

图 4—1—4　轴套编程坐标系

2. 根据以前所学的编程指令，写出轴套零件用哪些指令编程加工的效率更高。

（1）外轮廓粗、精加工：

（2）内轮廓粗、精加工：

（2）内沟槽：

3. 根据轴套零件图样及前述问题，编写数控加工程序并填入表 4—1—3。

表 4—1—3 零件模拟加工程序

程序段号	程　　序	程序段号	程　　序

续表

程序段号	程　　序	程序段号	程　　序

学习活动2　轴套模拟加工

学习目标

- 能熟练应用仿真软件各项功能。
- 能模拟数控车床操作，完成轴套零件的模拟加工。

建议学时：4学时

学习过程

一、模拟加工设置

1. 说明在仿真软件中模拟加工轴套零件时，如何进行机床类型、夹具类型与装夹位置、毛坯大小与位置、刀具参数设置。

（1）机床类型设置：

（2）夹具类型与装夹位置设置：

（3）毛坯大小与位置设置：

（4）刀具参数设置：

2．内孔刀与外圆刀在对刀方法上有什么区别？为什么？

二、模拟加工

1．运行已编制好的加工程序，观察仿真软件生成的刀具路径（图 4—2—1）是否符合轴套加工要求。如果不符要求，记录下来，以便改正。

不合理 1：

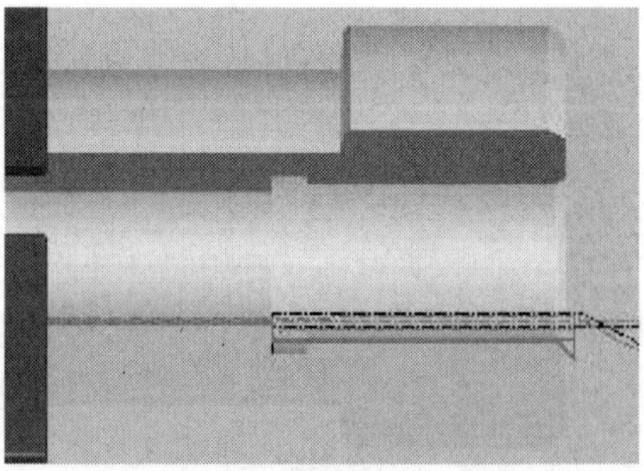

图 4—2—1　模拟加工刀具路径

不合理 2：

不合理 3：

2. 根据轴套“模拟加工”问题 1 中的记录，分析不符合轴套加工要求的原因，并在小组讨论中提出预防措施或改进方法，填入表 4—2—1，以提高加工质量和效率。

表 4—2—1　　轴套模拟加工问题

问题	原因	预防措施	改进方法

3. 在模拟加工轴套零件时，如果内孔刀出现撞刀现象是什么原因造成的？怎样处理？

4. 轴套零件的右端加工完毕后，通过仿真软件的模拟检验发现内径 $\phi24^{+0.033}_{0}$ mm 的尺寸是 $\phi23.82$ mm，该零件能否修复？如果能修复，应该采用什么方法修复？

5. 如果模拟加工的轴套零件是真实的产品，如何保证轴套零件的几何精度？

学习活动 3　轴套模拟检验

学习目标

- 能对轴套零件进行模拟检验。
- 能根据模拟检验结果，完善程序。

建议学时：2 学时

学习过程

一、明确测量要素

轴套零件上有哪些关键尺寸需要测量？为什么？

二、测量几何要素

1. 零件加工完毕后，通过仿真软件的模拟检验发现外径 $\phi48_{-0.06}^{0}$ mm 的实际尺寸是 $\phi48.05$ mm，这是什么原因造成的？应该采用什么方法避免？记录你的测量结果。

2. 零件加工完毕后，通过仿真软件的模拟检验发现内径 $\phi24^{+0.033}_{0}$ mm 的实际尺寸是 ϕ24.22 mm，这是什么原因造成的？应该采用什么方法避免？记录你的测量结果。

3. 轴套零件加工完毕后，通过仿真软件的模拟检验发现长度 70 ± 0.1mm 的实际尺寸是 70.15 mm，这是什么原因造成的？应该采用什么方法避免？记录你的测量结果。

4. 如果加工真实的轴套零件产品，结合图 4—3—1 图片选用需要用到的真实量具，填入表 4—3—1。

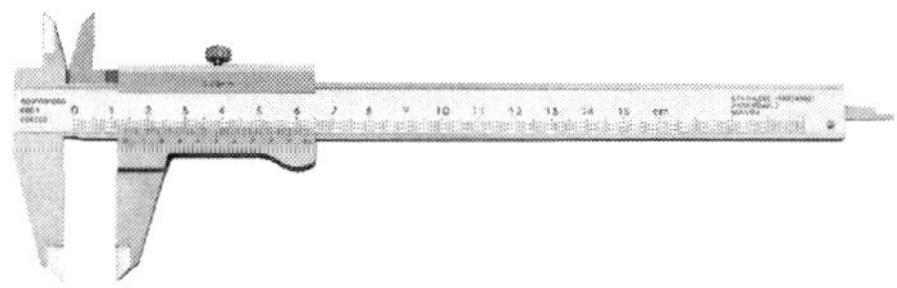

a）

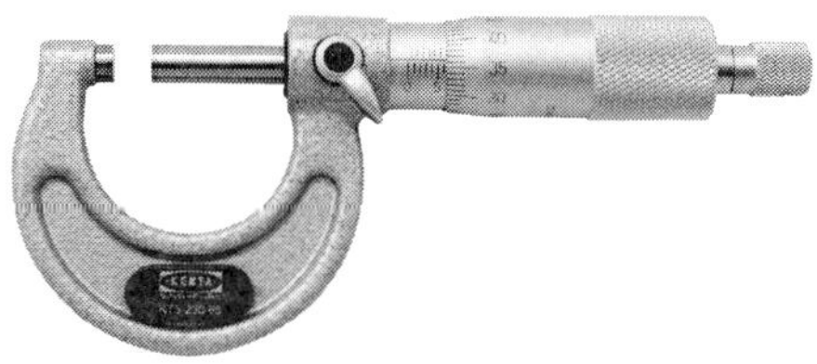

b）

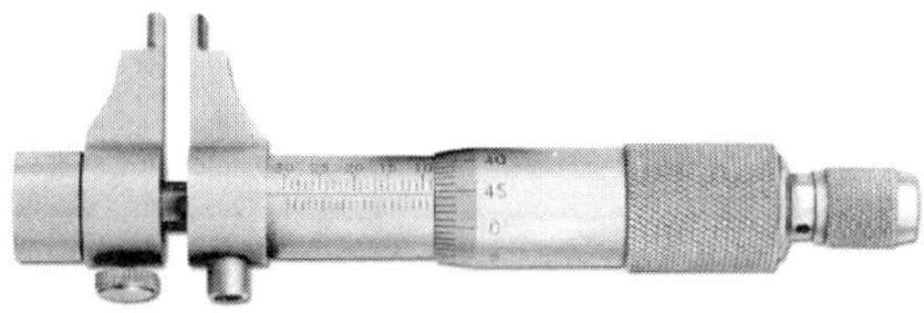

c）

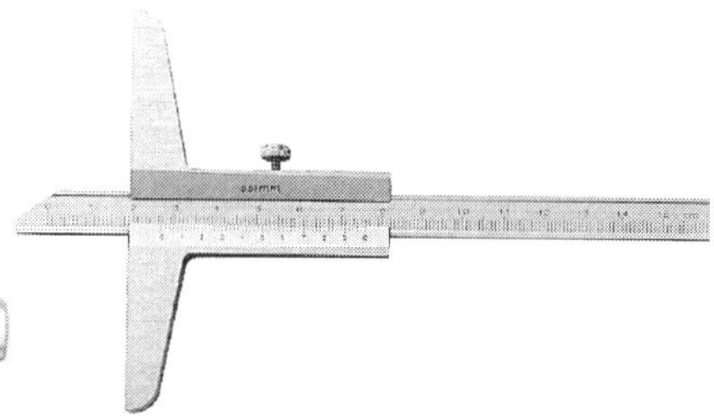

d）

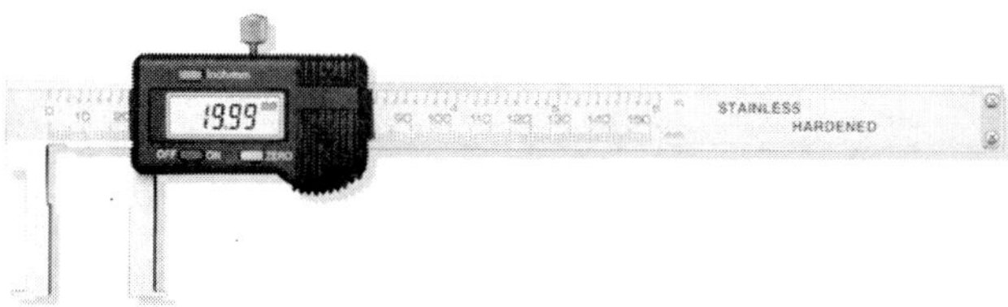

e）

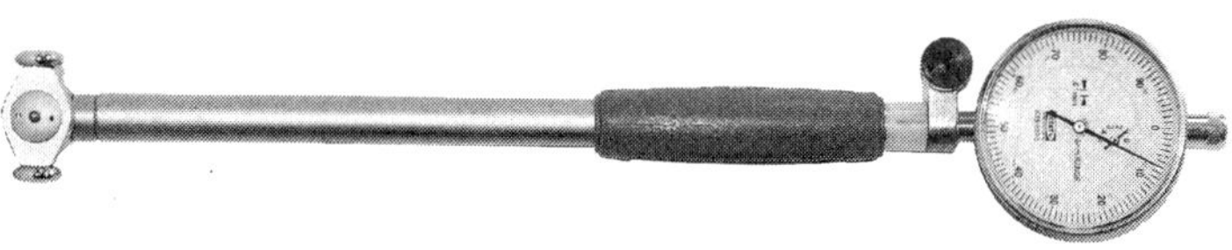

f）

图 4—3—1　量具

表 4—3—1　　选用的量具

序号	测量项目	选用的量具
1	外圆测量项目	
2	内径测量项目	
3	长度测量项目	
4		

三、提出工艺方案修改意见

利用仿真软件的测量功能，检验轴套零件加工精度，对不合格项目提出修改意见，填入表4—3—2。

表4—3—2　　工艺方案修改意见

序　　号	不合格项目	修改意见
1		
2		
3		
4		

学习活动4　成果展示与总结评价

学习目标

- 能通过讨论分析轴套零件加工缺陷造成的原因和应采取的解决措施。
- 能描述通过轴套零件模拟加工所学到的编程知识与技能。
- 能分析在轴套零件模拟加工中获得的经验和不足之处。
- 能在小组、全班展示轴套零件模拟加工成果。

建议学时：2学时

学习过程

一、个人总结

1. 根据轴套零件模拟加工质量及完成情况，分析轴套零件编程与模拟加工中的不合理处及其原因并提出改进意见，填入表4—4—1。

表4—4—1　　轴套模拟加工不合理处及改进意见

序号	工作内容	不合理处	不合理的原因	改进意见
1	零件工艺处理与编程			
2	零件模拟加工			

续表

序号	工作内容	不合理处	不合理的原因	改进意见
3	零件模拟检验			

2. 通过轴套零件的模拟加工，学习到了哪些编程知识与加工技能?

（1）编程知识:

（2）加工技能:

二、小组总结与清扫

1. 利用零件加工工艺、零件截图、零件模拟加工录像等素材，以 PPT 的形式展示工作成果（例如工艺与程序拟定的思路、模拟加工重点与难点等），并将 PPT 的大纲记录下来。

2. 看过其他小组展示的设计方案后，你对本小组展示方案设计有哪些新的想法？

3. 检查工作场地，按6S管理要求清理打扫，将在清理打扫过程中发现的问题记录下来。

三、综合评价

完成综合评价表（表4—4—2）。

表4—4—2　　　　综合评价表

班级__________　　　学生姓名__________　　　学号__________

序号	项目	项目配分	子项	子项配分	表现结果	评分标准	得分	累计
1	纪律	25	迟到	5		违规不得分		
			溜号	5		违规不得分		
			早退	5		违规不得分		
			串岗	5		违规不得分		
			旷课	5		违规不得分		
2	仿真过程	30	程序规范正确	10		酌情扣分		
			仿真软件操作正确	5		熟练程度		
			回参考点	3		是否按要求		
			工件设置	2		方法是否掌握		
			对刀	5		方法是否掌握		
			程序输入	5		酌情扣分		
3	零件项目	40	$\phi38_{-0.05}^{0}$ mm	4		超差不得分		
			$\phi48_{-0.06}^{0}$ mm	4		超差不得分		
			$\phi20_{0}^{+0.033}$ mm	5		超差不得分		
			$\phi24_{0}^{+0.033}$ mm	5		超差不得分		
			◎ | $\phi0.03$ | A	4		超差不得分		
			⊥ | 0.02 | A	4		超差不得分		
			4 mm×2 mm	5		超差不得分		
			长度 $25_{-0.1}^{0}$ mm	3		超差不得分		
			长度 70±0.1 mm	3		超差不得分		
			倒角 $C1$（5处）	5		超差不得分		
4	6S	5	按6S管理要求酌情扣分					
5	总分	100						

任课教师：　　　　　　　年　　月　　日

学习任务五　凸轮轴编程与模拟加工

学习目标

1. 能遵守机房各项管理规定，并规范使用计算机。

2. 能应用三角函数知识计算凸轮轴零件图样中的基点坐标。

3. 能正确编制凸轮轴零件加工工艺卡片。

4. 能正确编写凸轮轴零件的数控车削加工程序，并绘制刀具路径图。

5. 能熟练应用仿真软件各项功能，完成凸轮轴零件的模拟加工，并能根据模拟测量结果完善程序。

6. 能积极展示学习成果，通过小组讨论总结和反思学习活动，以提高学习效率。

建议学时

14 学时。

工作情境描述

某企业新设计的某设备包含了一个凸轮轴零件，在正式投产前需要在 2 个工作日内使用数控车床进行小批量试制加工。技术人员在试制前需要分析设计图样、合理安排工艺、编制调试程序，并通过模拟切削检验有关工艺与程序，以确定是否能加工出符合使用要求的凸轮轴。

零件图样（图 5—0—1）：

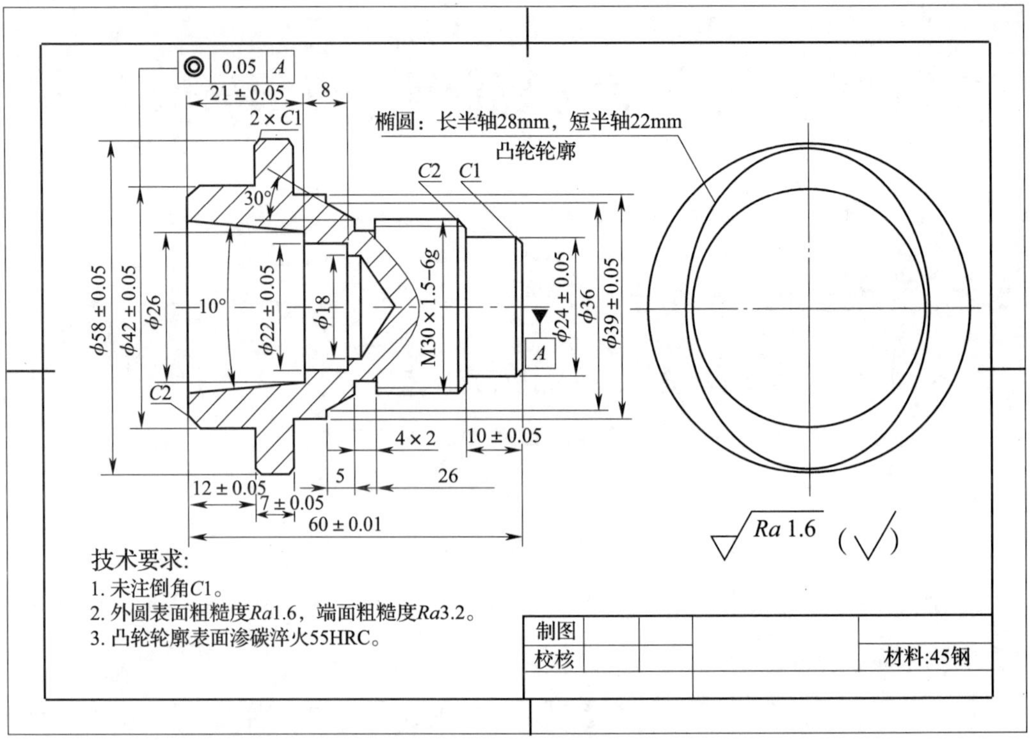

图 5—0—1 凸轮轴零件图样

工作流程与活动

学习活动 1：凸轮轴工艺处理与编程（6 学时）

学习活动 2：凸轮轴模拟加工（4 学时）

学习活动 3：凸轮轴模拟检验（2 学时）

学习活动 4：成果展示与总结评价（2 学时）

学习活动1　凸轮轴工艺处理与编程

学习目标

- 能计算未知坐标点。
- 能合理优化加工路线，并对凸轮轴零件进行合理的工艺安排。
- 能正确编制凸轮轴零件的加工程序。

建议学时：6 学时

学习过程

一、图样分析

1．如图 5—1—1 所示凸轮轮廓是椭圆曲线，查阅资料，说说凸轮的作用是什么、凸轮轮廓曲线是用什么设备加工的。

图 5—1—1　凸轮轴实体

2. 分析零件图样，写出零件加工的主要尺寸，然后通过尺寸公差计算确定加工精度范围。

（1）外圆主要尺寸：

（2）螺纹主要尺寸：

（3）沟槽主要尺寸：

（4）内孔主要尺寸：

（5）从以上列举尺寸中选出带有公差的尺寸，计算其极限尺寸，说明加工精度控制范围。

（6）根据图中已知条件，计算如图5—1—2所示未知尺寸。

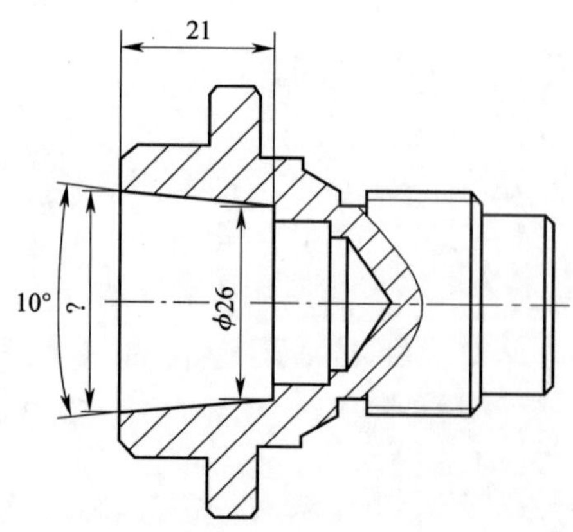

图5—1—2 凸轮轴

3. 图中 M30×1.5－6g 表示什么意思？可以用什么指令来加工？

4. 凸轮轮廓曲线的加工工序应在车削前还是车削完成后？为什么？

5. 图中槽 4 mm×2 mm 有什么作用，是用什么刀具来加工的？

6. 技术要求中凸轮轮廓表面要渗碳淬火，查阅资料说说表面渗碳淬火的目的，以及其所能达到的硬度范围。

7. 图中有哪些几何公差？在加工中你将采取哪些措施来保证？

二、刀具选择与工艺制定

1. 根据凸轮轴零件图样，说明凸轮轴加工内容有哪些，并填在表 5—1—1 中。

表 5—1—1 凸轮轴加工内容

序号	加 工 内 容
1	
2	
3	
4	
5	

2. 通过表 5—1—2 了解数控车削外形刀具，说明表中所示刀具适合什么场合的加工。

表 5—1—2 数控车削外形刀具

序号	图示	说　明
1		
2		

续表

序号	图示	说　明
3	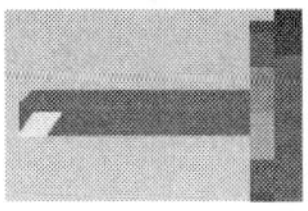	
4	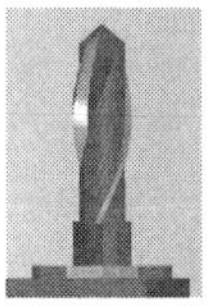	
5	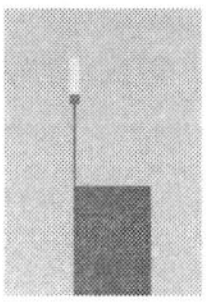	
6	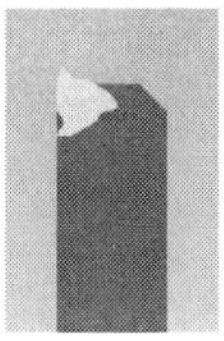	
7		
8		
9		

3. 根据凸轮轴加工内容及表5—1—2，完成凸轮轴加工的车削刀具表（表5—1—3）。

表5—1—3 刀 具 表

刀具序号	刀具名称	数量	加工内容	刀尖半径（mm）	刀具规格（mm × mm）

4. 如果是真实的产品加工，凸轮轴零件的粗精加工是否需要分开？为什么？

5. 凸轮轴零件加工中需要调头装夹，在装夹调整中百分表是必不可少的检验工具。查询百分表的结构与使用方法，并在图5—1—3中正确填写。

图5—1—3 百分表

1：________ 2：________ 3：________ 4：________

5：________ 6：________ 7：________ 8：________

9：________

6. 百分表按测量范围分有几种？凸轮轴零件装夹调整应选择哪一种？

7. 在加工螺纹 M30×1.5-6g 前，其外径尺寸应该是多少？

8. 根据问题 3 所选刀具及加工内容，说明镗孔前底孔应该钻多大。

9. 根据凸轮轴零件图样，初步确定零件的加工步骤。

10. 小组讨论确定凸轮轴零件的加工步骤并填写数控加工工序表（表 5—1—4）。

表 5—1—4　　工　序　表

工步号	工步内容	刀具序号	刀具规格	主轴转速（r/min）	进给量（mm/r）	背吃刀量（mm）
1						
2						
3						
4						
5						

续表

工步号	工步内容	刀具序号	刀具规格	主轴转速(r/min)	进给量(mm/r)	背吃刀量(mm)
6						
7						
8						
9						
10						
11						
12						
13						

三、程序编制

1. 在图 5—1—4 中绘制出编程坐标系，标出编程原点。

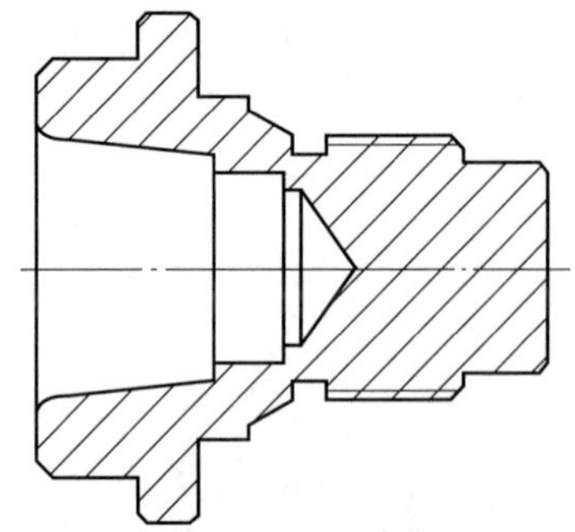

图 5—1—4　凸轮轴编程坐标系

2. 凸轮轴零件加工有外形加工和内形加工，内、外加工的刀具起点设置有什么不同？写出本零件内、外加工刀具起刀点的坐标位置。

3. 在数控系统中，有多种外形车削循环，查阅编程手册，写出两种车削外形循环指令的格式、应用场合，并分析其循环加工路径的区别，选择适合凸轮轴加工的循环路径。如图 5—1—5 所示。

（1）指令格式：

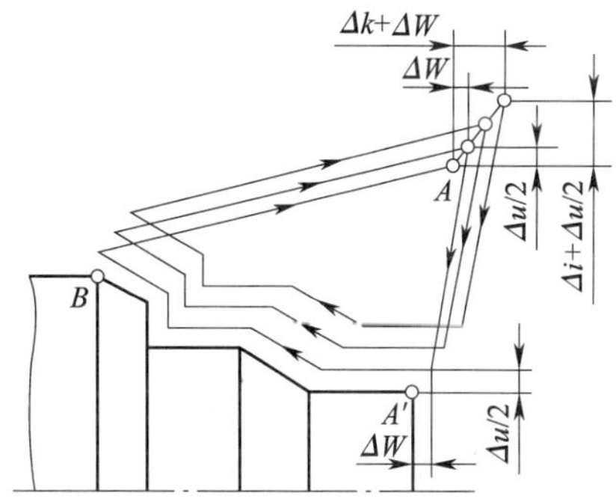

图 5—1—5　循环加工路径

（2）应用场合：

（3）两者的区别：

（4）凸轮轴加工用哪个指令？

4. 凸轮轴零件加工中是否需要用到刀尖圆弧半径补偿？为什么？

5. 参考如图 5—1—6 所示零件加工程序流程图拟定凸轮轴加工的程序流程图。

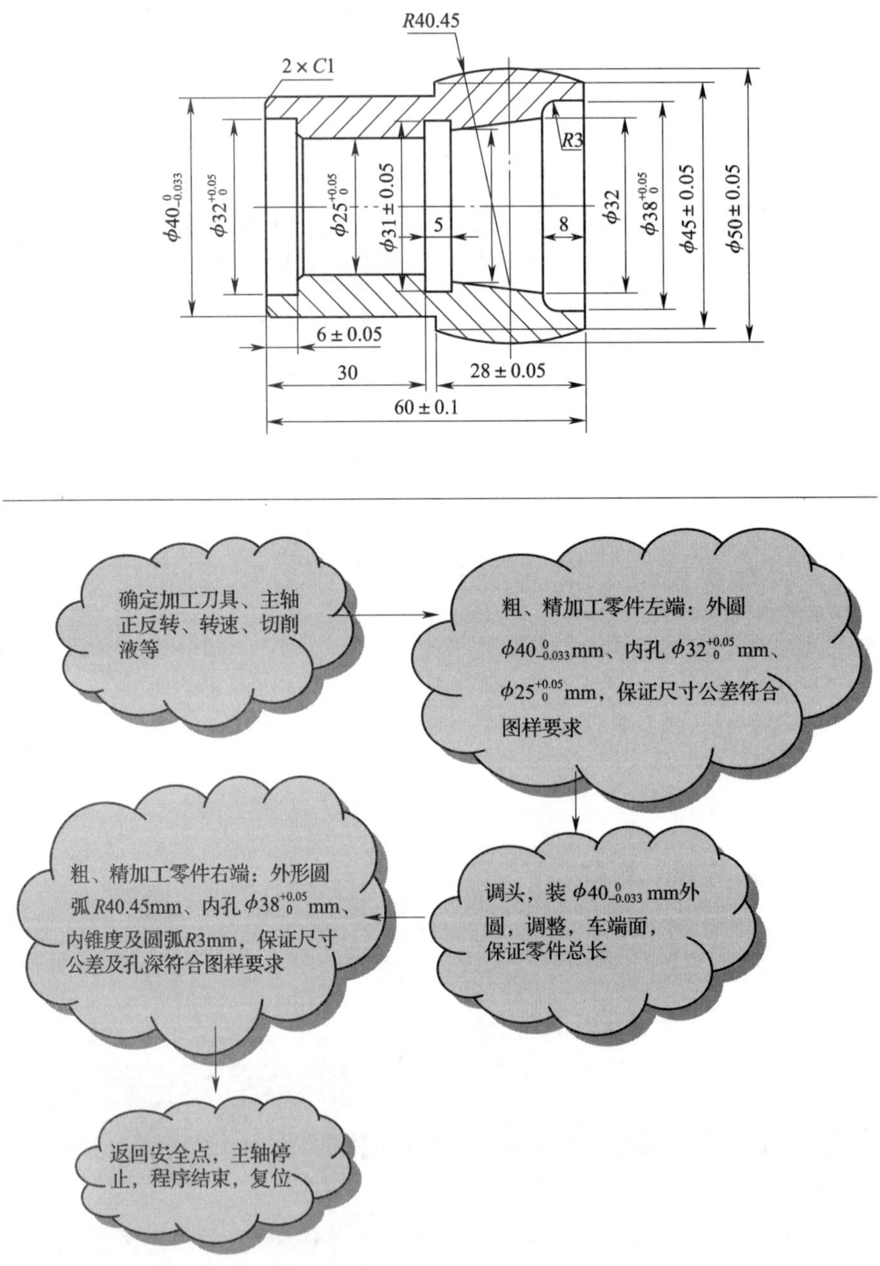

图 5—1—6 零件加工流程图

6. 结合凸轮轴加工工艺，分析凸轮轴模拟加工需要装夹几次？在加工左端孔（$\phi22\pm0.05$ mm 与锥孔）时应注意哪些问题（如锥孔加工是否要用刀尖圆弧补偿等）？

7. 为了提高零件的加工精度，在零件粗加工后、精加工前你在编程中会采取什么样的措施？

8．根据零件加工步骤及编程分析，在小组讨论中完成凸轮轴零件的模拟加工程序，填入表 5—1—5。

表 5—1—5　　零件模拟加工程序

程序段号	程序	程序段号	程序

学习活动2　凸轮轴模拟加工

学习目标

● 能正确输入凸轮轴零件的加工程序，完成零件的模拟加工。

● 能熟练进行对刀操作，建立新程序，并在程序中进行数据修改。

● 能根据模拟加工路径，判断程序正确性，并作相应优化。

建议学时：4学时

学习过程

一、模拟加工设置

1. 在零件模拟加工前，还应该做哪些准备工作?

2. 说明在凸轮轴零件模拟加工时，如何进行机床类型、夹具类型与装夹位置、毛坯大小与位置、刀具参数设置。

（1）机床类型设置：

（2）夹具类型与装夹位置设置：

（3）毛坯大小与位置设置：

（4）刀具参数设置：

3．在模拟加工中，凸轮轴零件是否需要调头装夹？调头后再加工时是否要重新对刀？为什么？

4．通过仿真软件的模拟功能对凸轮轴零件的加工程序进行检验，并说明程序检验的方法与步骤。

二、模拟加工

1. 运行已编制好的加工程序，观察仿真软件生成的刀具路径（图 5—2—1）是否符合图样要求。如果不符合图样要求，记录下来，以便改正。

不合理 1：

不合理 2：

不合理 3：

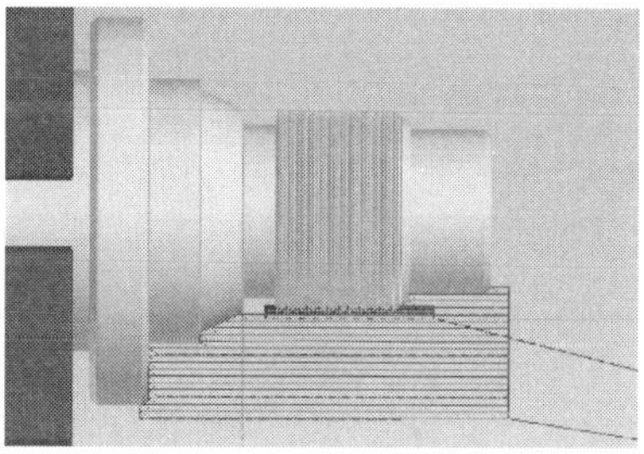

图 5—2—1　模拟加工刀具路径

2. 根据凸轮轴“模拟加工”问题 1 中的记录，分析不符合图样要求的原因，并在小组讨论中提出预防措施或改进方法，填入表 5—2—1，以提高加工质量和效率。

表 5—2—1　凸轮轴模拟加工问题

问题	原因	预防措施	改进方法

3. 案例分析 1：凸轮轴零件的孔加工的镗孔过程中走刀路线正常，表面结构也较好，但在退刀过程中，刀具与已加工表面有干涉，使孔壁拉毛。分析这种现象的原因，提出改进措施。

4. 案例分析 2：如图 5—2—2 所示，在螺纹加工中，由于刀具装夹不牢固，第一刀加工后刀具产生偏移。如果碰到这种现象，接下来你会怎么办？

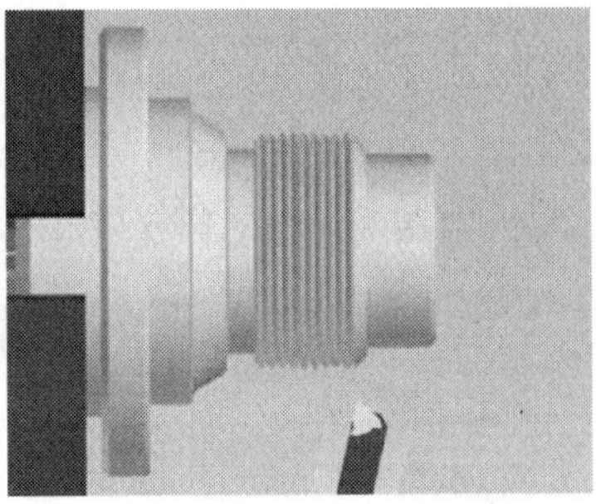

图 5—2—2 零件螺纹加工

5. 在背吃刀量和进给量不变的情况下，如何缩短加工时间、优化走刀路线？

学习活动3　凸轮轴模拟检验

学习目标

- 能利用仿真软件的测量功能对凸轮轴进行模拟检验。
- 能根据零件模拟检验结果，完善程序。

建议学时：2学时

学习过程

一、明确测量要素

凸轮轴零件上有哪些关键尺寸需要测量？为什么？

二、测量几何要素

1. 简述零件外圆 $\phi 58 \pm 0.05$ mm、$\phi 42 \pm 0.05$ mm、$\phi 24 \pm 0.05$ mm 的测量过程并记录测量结果。

2. 简述零件长度 60 ±0.1 mm、12 ±0.05 mm、10 ±0.05 mm、7 ±0.05 mm 的测量过程并记录测量结果。

3. 阐述零件角度 10°、30°的测量过程并记录测量结果。

4. 简述零件 M30 ×1.5 –6g 螺纹中径的测量过程并记录测量结果。

5. 简述零件内孔 ϕ22 ±0.05 mm 的测量过程并记录测量结果。

6. 如果要加工真实的凸轮轴零件产品，选择需要用到的真实量具，填入表 5—3—1。

表 5—3—1　　选用的量具

序号	测量项目	选用的量具
1	外圆测量项目	
2	长度测量项目	
3	沟槽测量项目	
4	螺纹测量项目	
5	角度测量项目	
6	孔径测量项目	
7	孔深测量项目	

7. 案例分析 1：测得外圆尺寸 $\phi58\pm0.05$ mm 为 $\phi60$ mm 或 $\phi54$ mm，分析尺寸偏大或偏小对后续的凸轮曲线加工有什么影响。

8. 案例分析 2：测得 M30 × 1.5 – 6g 的螺纹中径偏大，你会怎样纠正？

三、提出工艺方案修改意见

1. 利用仿真软件的测量功能，检验零件加工精度，对不合格项目进行讨论分析，小组提出修改意见，填入表 5—3—2。

表 5—3—2　　工艺方案修改意见

序号	不合格项目	修改意见
1		

续表

序号	不合格项目	修改意见
2		
3		
4		

2. 根据凸轮轴零件加工路径及车削工时核算公式，估算零件加工时间。

（车削工时核算参考：单件工时 T = ［加工长度 L/（零件转速 N × 进给量 S）］ ×（总余量 H/背吃刀量 a_p）；零件转速 N = 切削速度 V × 1 000/（3.14 × 零件直径 D））

学习活动 4　成果展示与总结评价

学习目标

- 能讨论分析凸轮轴零件加工缺陷造成的原因和应采取的解决措施。
- 能描述通过凸轮轴零件模拟加工所学到的编程知识与技能。
- 能总结在凸轮轴零件模拟加工中获得的经验和不足之处。
- 能在小组、全班展示凸轮轴零件模拟加工成果。

建议学时：2 学时

学习过程

一、个人总结

1. 根据凸轮轴零件模拟加工质量及完成情况，分析凸轮轴零件编程与模拟加工中的不合理处及其原因并提出改进意见，填入表 5—4—1。

表 5—4—1　　凸轮轴模拟加工不合理处及改进意见

序号	工作内容	不合理处	不合理的原因	改进意见
1	零件工艺处理与编程			
2	零件模拟加工			

续表

序号	工作内容	不合理处	不合理的原因	改进意见
3	零件模拟检验			

2. 通过凸轮轴的模拟加工，你学到什么技能、技巧?（编程方面、加工方面、测量方面等）

（1）编程方面：

（2）加工方面：

（3）测量方面：

二、小组总结与清扫

1. 小组讨论凸轮轴零件在模拟加工中出现的问题，并将讨论结果记录下来。

2. 利用零件加工工艺、零件截图、零件模拟加工录像等素材，以 PPT 的形式展示工作成果（例如工艺与程序拟定的思路、模拟加工重点与难点等），并将 PPT 的大纲记录下来。

3. 检查工作场地，按 6S 管理要求清理打扫，将在清理打扫过程中发现的问题记录下来。

三、综合评价

完成综合评价表（表5—4—2）。

表5—4—2　　综合评价表

班级________　　学生姓名________　　学号________

序号	项目	项目配分	子项	子项配分	表现结果	评分标准	得分	累计
1	纪律	25	迟到	5		违规不得分		
			溜号	5		违规不得分		
			早退	5		违规不得分		
			串岗	5		违规不得分		
			旷课	5		违规不得分		
2	仿真过程	30	程序规范正确	10		不规范不得分		
			仿真软件操作正确	5		熟练程度		
			回参考点	3		是否按要求		
			工件设置	2		方法是否掌握		
			对刀	5		方法是否掌握		
			程序输入	5		酌情扣分		
3	零件质量项目	40	$\phi58\pm0.05$ mm	3		超差不得分		
			$\phi42\pm0.05$ mm	3		超差不得分		
			$\phi39\pm0.05$ mm	3		超差不得分		
			$\phi24\pm0.05$ mm	3		超差不得分		
			锥孔10°	3		超差不得分		
			孔$\phi22\pm0.05$ mm	3		超差不得分		
			外锥30°	3		超差不得分		
			长度60 ± 0.1 mm	3		超差不得分		
			长度12 ± 0.05 mm，7 ± 0.05 mm，10 ± 0.05 mm，21 ± 0.05 mm	6		超差不得分		
			退刀槽4 mm×2 mm	3		超差不得分		
			螺纹	3		超差不得分		
			倒角$C1$、$C2$	4		超差不得分		
4	6S	5	按6S管理要求酌情扣分					
5	总分	100						

任课教师：　　　　　　年　　月　　日